U0497188

世界国防科技年度发展报告（2016）

国防生物与医学领域科技发展报告

GUO FANG SHENG WU YU YI XUE LING YU KE JI FA ZHAN BAO GAO

军事医学科学院卫生勤务与医学情报研究所

国防工業出版社

·北京·

图书在版编目（CIP）数据

国防生物与医学领域科技发展报告/军事医学科学院卫生勤务与医学情报研究所编.—北京：国防工业出版社，2017.4

（世界国防科技年度发展报告.2016）

ISBN 978-7-118-11284-9

Ⅰ.①国…　Ⅱ.①军…　Ⅲ.①军事生物学—科技发展—研究报告—世界—2016　②军事医学—科技发展—研究报告—世界—2016　Ⅳ.①E916　②E82

中国版本图书馆CIP数据核字（2017）第055249号

国防生物与医学领域科技发展报告

编　　者　军事医学科学院卫生勤务与医学情报研究所
责任编辑　汪淳　王鑫
出版发行　国防工业出版社
地　　址　北京市海淀区紫竹院南路23号　100048
印　　刷　北京龙世杰印刷有限公司
开　　本　710×1000　1/16
印　　张　16½
字　　数　190千字
版 印 次　2017年4月第1版第1次印刷
定　　价　98.00元

《国防生物与医学领域科技发展报告》

编 辑 部

主　　编　夏晓东　董　罡　王　磊

副 主 编　刁天喜　吴曙霞　刘　术

《国防生物与医学领域科技发展报告》

审稿人员（按姓氏笔画排序）

王以政　李　松　张学敏　徐天昊
曹务春

撰稿人员（按姓氏笔画排序）

刁天喜　王　磊　王小理　王先文
王运斗　王韫芳　田　瑛　刘　术
刘　伟　刘　辉　安新颖　孙秋明
杨保华　李　立　李　鹏　李长芹
李丽娟　吴曙霞　张　音　张　鹏
张东旭　张荐辕　张晓峰　陈　婷
陈伯华　周　巍　郑　旸　赵晓宇
钟方虎　夏晓东　倪爱娟　高　雪
高　静　高云华　高东平　高树田
董　罡　蒋丽勇　谢新武　楼铁柱
魏晓青

编写说明

军事力量的深层次较量是国防科技的博弈，强大的军队必然以强大的科技实力为后盾。纵观当今世界发展态势，新一轮科技革命、产业革命、军事革命加速推进，战略优势地位对技术突破的依赖度明显加深，军事强国着眼争夺未来军事斗争的战略主动权，高度重视推进高投入、高风险、高回报的前沿科技创新。为帮助对国防科技感兴趣的广大读者全面、深入了解世界国防科技发展的最新动向，我们秉承开放、协同、融合、共享的理念，共同编撰了《世界国防科技年度发展报告》(2016)。

《世界国防科技年度发展报告》(2016)由综合动向分析、重要专题分析和附录三部分构成。旨在通过深入分析国防科技发展重大热点问题，形成一批具有参考使用价值的研究成果，希冀能为促进自身发展、实现创新超越提供借鉴，发挥科技信息工作“服务创新、支撑管理、引领发展”的积极作用。

由于编写时间仓促，且受信息来源、研究经验和编写能力所限，疏漏和不当之处在所难免，敬请广大读者批评指正。

中国国防科技信息中心

2017年3月

前言

当今世界，生物科技已成为全球新一轮科技革命的主导力量，国防生物科技成为各国发展重中之重，美俄等军事强国抓紧部署发展国防关键生物技术。随着生物技术的推进及与信息、纳米、认知等科技领域的交叉融合，生物化军事革命正在加速酝酿并全面升级信息化军事革命，不仅对武器装备、作战空间、作战方式、战争形态产生重大影响，而且还将有可能成为未来战争的超级战略威慑力量。

为系统梳理 2016 年国防生物与医学领域科技的发展脉络，积累基本情况，夯实研究基础，供大家及时、准确、系统、全面地掌握国外发展动态，军事医学科学院卫生勤务与医学情报研究所牵头编写了《国防生物与医学领域科技发展报告》，内容包括综合动向分析、重要专题分析和附录三部分。其中，综合动向分析部分对 2016 年国防生物与医学科技、脑与认知神经科学、生物材料、仿生、军事生物能源、生物电子、生物安全、传染病防控、卫生装备、军事作业医学等领域发展情况进行系统梳理；重要专题分析部分则针对美国生命铸造厂计划、基因编辑与国家安全、抗生素耐药性、再生医学等重点问题、热点技术展开深入研究和讨论；附录部分记录了 2016 年国防生物与医学领域科技发生的重大事件。

本书是在统一编撰思想的指导下，以“小核心、大外围”的组织方式，集中了军内国防生物与医学科技领域优势单位的专家共同完成，在此向所有参编单位及专家表示衷心的感谢。由于时间紧张，水平有限，错误和疏漏之处在所难免，敬请批评指正。

编者

2017 年 3 月

目　录

综合动向分析

重要专题分析

附录

ZONG HE

DONG XIANG FEN XI

综合动向分析

2016 年国防生物与医学领域科技发展综述

生物和医学科技是继信息技术之后最具潜力和创新活力的领域，在科技发展创新图景中的引领作用日益明显。根据近年来世界主要国家和知名智库的技术预见研究成果，未来 10 年生物和医学领域有多个技术集群可能取得颠覆性突破。2016 年，世界主要国家高度重视生物交叉科技的战略布局和前沿技术探索，并在生物安全、脑与认知神经科学、生物材料、仿生技术、军事生物能源、生物电子等领域取得重要进展。

一、外军加大生物和医学战略性前沿技术的探索和布局

以美军为代表的发达国家军队高度重视生物和医学科技的军事应用。美国国防部和各军种都有各自的科技战略规划，如《国防部科技战略与优先领域》、《国防高级研究计划局战略规划》等。综合分析这些规划可以看出，美军高度倚重信息技术对军事变革的引领作用，生物科技在 2050 年前仍以基础研究为主，局部领域有望转化为关键技术，主要体现为信息化与生物化融合发展态势，生物科技的地位和作用逐步得到凸显。

作为美军高技术研究风向标的美国国防高级研究计划局（DARPA）着眼于未来战争与国防战略需求，一直重视生物和医学科技在军事领域的应用，2014年成立生物技术办公室，重点进行战略性生物和医学科技军事应用的前瞻布局和管理，聚焦于脑科学、生物安全、战场伤病救治和军事作业医学四大战略性方向，2016年在研项目达到28项，以士兵强健和能力提升为重点，前瞻性和探索性都非常强。脑科学领域以解决战创伤康复为需求牵引，重点进行脑机接口研究，系统开展“革命性”假肢、记忆恢复、神经可塑性训练和治疗技术的研究，“革命性”假肢的研究成果——“DEKA手臂系统”（DEKA Arm System）于2014年获得FDA批准，成为第一种通过肌电信号控制动作的假肢。生物安全领域重点探索方向包括威胁快速评估、生物合成和制造、疫苗快速生产、自动化诊断等。军事作业医学则以特殊自然环境和复杂军事环境士兵能力维持和提升为重点，重点研发战斗力恢复与增强、应对各种威胁的士兵健康维护等技术。总之，美军已经高度认识到生物和医学科技的巨大军事潜力，并将其提升到新的战略高度，列为顶级优先发展领域，相关前沿研究项目已经大规模部署，并取得了初步探索成果。

二、国际生物安全形势日趋多样复杂

2016年，国际生物安全形势继续呈现威胁巨大、影响深远、发展复杂的趋势，传统生物安全问题与非传统生物安全问题交织，外来生物威胁与内部监管漏洞风险并存，快速发展的生物技术展现对人类社会的颠覆性影响。

基因组编辑技术的逐渐成熟与广泛应用引发国际社会对其负面影响的

高度关注。2016 年 2 月 9 日，美国国家情报总监詹姆斯·克拉珀在向国会参议院武装部队委员会报告的年度《美国情报界全球威胁评估报告》中，将基因组编辑技术列为大规模杀伤性武器威胁。为加强两用性生物技术监管，2016 年 1 月，美国国家生物安全科学顾问委员会首次发布文件，建议奥巴马政府设立联邦顾问小组，帮助指导病原体“功能获得性”研究资助政策的制定。2016 年 3 月，美国国家科学院（NAS）专门召开会议，提出了“功能获得性”研究监管的 6 项政策选择。

国际生物恐怖袭击威胁仍然严峻，炭疽杆菌、蓖麻毒素等经典生物战剂，因具备易于获取、毒性高和损伤作用强等特点，易用于制造恐怖事件。在英国皇家国际事务研究所发表的《2016 年新发危险报告》中指出，恐怖分子一直渴望获得生物武器，基地组织曾试图招募有生物学博士学位的人员以达到获取生物武器的目的，一名基地组织成员还曾造访过英国生物安全三级实验室，希望获得病原体和炭疽疫苗。2016 年 2 月 26 日，美国国土安全委员会“应急准备、响应和沟通分委会”举行听证会，审查国家面临的恐怖袭击或自然破坏所带来的风险，以及公共和私营部门是否做好应对这些风险的准备。

实验室生物安全隐患仍然存在，病原体意外泄露或失窃可能带来生物安全危害，实验室生物安全监管漏洞不容忽视。2016 年 4 月，美国国防部总监察长发布了对国防部生物安全与生物安保实施情况的评估报告，揭示美军从事管制生物剂与毒素（BSAT）研究的生物实验室存在六方面安全问题，并提出了整改建议。

一些重要烈性传染病疫苗研究取得可喜进展。2016 年 1 月，美军华尔特里德陆军研究所宣布，初免—加强免疫埃博拉疫苗进入第二期临床试验阶段。2016 年 8 月 18 日，美军华尔特里德陆军研究所资助的 MERS 疫苗

"GLS－5300"正式完成Ⅰ期临床试验自愿者招募，成为世界上第一个进入临床研究的MERS疫苗。2016年10月，美国国家过敏和传染病研究所研制的DNA疫苗显示了对寨卡病毒的防护能力。

三、主要国家抢占脑与认知神经科学战略制高点

脑与认知神经科学涉及神经科学、认知科学、控制科学、医学、计算机科学和心理学等多个学科，是一门新兴、多学科交叉的前沿研究方向。现代战争对军人的心理应激和认知能力要求更高，最大限度地降低由于心理障碍、睡眠障碍、脑疲劳等对认知功能造成的负面影响，提高、延长军人的有效作战时间，是脑科学研究的重要领域，具有广阔的军事应用前景。在众多的脑科学计划部署中，各国军方关注的焦点则是希望脑科学研究成果在军事领域发挥作用，从而提升和增强士兵的认知能力。脑控和控脑技术是当前脑科学研究的重点，催生了人们对未来战争模式的思考，即实现由单兵直接作战发展到单兵通过脑机接口将思维传递给远在战场前沿的作战机器人，实现人脑远程控制机器人作战的模式，从而打造基于脑联网的颠覆性未来作战平台系统。此外，脑科学研究领域的进步将会提高武器装备性能，包括用于直接控制硬件和软件系统的脑机界面。脑科学技术进步有可能开发出阅读提取人的思想信息的技术，并广泛应用于情报搜集领域，推动心理战、情报战的升级，从而推动"大脑战""制脑权"等理论的发展。2016年1月，DARPA斥资6200万美元研究一种可植入人脑的先进设备，人类大脑直接与计算机对话，该技术的未来应用，使研制可穿戴机器人、机器战士成为可能。2016年10月，DARPA白宫前沿技术会议首次在残疾人员身上演示新型脑机接口技术，实现了人脑与机器之间的双向通信

能力，对于作战系统智能化将起到重要推动作用。此外，英国、德国、韩国、印度也在脑与认知神经科学领域进行了积极探索。总的来看，各国政府脑科学研究的重点是期望通过该类研究，加深对人类认知、感知、行为和意识的认识，为认知神经系统疾病找到新疗法，并为人工智能领域的发展铺平道路。

四、生物材料制造成为先进制造业的战略优先领域

2016 年 4 月，美国国家科学技术委员会提出了 5 个应重点考虑的新兴制造业技术领域——先进材料制造、推动生物制造发展的工程生物学、再生医学生物制造、先进生物制品制造、药品连续生产。2016 年 6 月，白宫科技政策办公室正式提出将推进生物组织制造工程和再生医学的发展，增加投资力度，以缩短器官移植的等待时间，挽救更多病人。2016 年 10 月，美军成立国防部先进再生制造研究所，拟促成多机构、多学科合作，打破技术壁垒，联合产业、高校、研究机构、地方政府和公益机构，解决先进生物组织材料制造创新过程中的关键问题，提升美国在该领域的国际竞争力，说明生物制造已经成为美国先进制造业的优先领域，甚至是战略制高点。

2016 年 2 月，DARPA 生物技术办公室启动了生物控制项目，通过对智能生物材料的嵌入式控制，为生物系统控制建立从纳米级到厘米级、从几秒到几周的跨空间时间尺度能力；美国航空航天局（NASA）联合 SLAC 国家加速器实验室开发的一种新型等离子体纳米材料打印工艺，可以实现在弯曲的表面上进行打印；美国 Spidery Tek 公司宣布已经成功找到大规模生产蜘蛛丝的方法。

智能材料反映了材料科学的最高水平，是材料科学的最新发展方向。实现对生物材料的嵌入式控制，可以为作战人员提供持续的生理监测，体内纳米治疗平台可以为作战人员提供快速的无创疾病诊断。轻质高强材料已有多种用于军事装备。蜘蛛丝的大规模生产将大幅提高3D打印无人机性能，使无人机在全面生产过程中不需要金属框架，大幅缩减无人机生产成本。水下超级强力“智能胶”可以将水下传感器和装置绑定到船舶和潜艇的船体，或帮助无人驾驶的船舶在岩石海岸线或在偏远地区停靠。“隐身斗篷”新型伪装技术使士兵和战车迅速融入周围环境中，该技术有望在五年内用于投入实战。

五、仿生技术列入国防装备创新发展的战略方向

仿生学是研究和探索生物系统的结构特性、能量转换、信息和控制过程，用来改善现有的或创造崭新的机械、仪器、建筑构型、工艺过程、自动装置等工程技术系统的一门综合性科学。美国国家3D打印创新机构2016年9月投入近1亿美元，资助仿生打印材料等7个项目，以提升美国3D打印的水平；德国、英国、日本、俄罗斯以及韩国等都从生物与仿生学出发，在电子技术、纳米技术、富勒碳材料、光子学、材料、生物传感器等领域投入了相当大的财力和人力。

目前，仿生学已成为发展速度最快、活力最强、应用最广的学科之一，也是世界国防装备创新发展的重要方向。2016年，仿生研究如火如荼，美国仿生材料研究组、日本“仿生学生物表面材料”工程、韩国“仿生表面微制造技术”工程等产出的仿生成果层出不穷。美国海军研究办公室资助大西洋大学海洋与机械工程系开展仿生机器鱼研究，以及麻省理工学院、

斯坦福等大学开展的仿生传感器研究等也取得很大进展。

2016 年 6 月，牛津大学动物学家弗里茨·沃莱斯的研究团队开发出一种 Spidrex（蛛蚕丝），可以作为高强度的清洁材料，用于自洁性军用服装、头盔等材料的制作。2016 年 6 月，美国南加州大学神经工程中心的研究人员研制出一种临床可用的大脑修复装置，以帮助阿兹海默症、中风或脑部外伤人员实现记忆修复，该项研究得到了 DARPA 的资助。2016 年 9 月，韩国科学家借助声音震动的原理，研发出一款源于“真正的蜘蛛”仿生学的纳米缝隙传感器，可用于医疗健康中精准测量血压、脉搏等。

六、军事生物能源优势日益凸显

生物能源成为解决能源危机最有潜力和希望的途径之一。利用生物能源可满足作战平台长时间、远距离机动作战的需求，如用生物技术开发石油等矿物燃料的替代品，机械化装备可望随时随地实现生物燃料的自我供给。军用生物汽油、柴油可以减少汽车、飞机、坦克、军舰等机械化武器平台对石油类燃料的依赖，为在未来可能的能源危机中保障部队作战提供可替代的解决方案。而各种生物电池则巧妙地利用生物体本身的特性，与传统供电技术紧密结合，在战场上为各种信息化装备提供便携、持久的电力。

生物能源研发在经历了可食用作物原料、纤维素质原料、微藻原料之后，目前已进入第四代，即利用代谢工程技术改造藻类的代谢途径，使其直接利用光合作用吸收二氧化碳合成乙醇、柴油或其他高碳醇等。美军作为军事能源战略转型的先行者，在生物能源研发应用领域进行了大量探索，已走在世界发达国家军队前列。英国、加拿大、意大利、澳大利亚等国也加大了军事生物能源研发和应用力度。美国国防部不断加大生物能源的研发力度，各军种目前已经相继投资国内设施研究开发生物能源等非碳基动力源。海军已着手研发第三代、第四代生物燃料。2016 年 6 月，美国海军宣布海水提取燃料项目实用化取得新进展，获得了美国专利，有可能推动美国海上能源格局发生变革，有助于实现海上燃油自给和就近补给，解决海上作战能源运输安全问题，解决后勤补给限制，全面提升海上作战能力。空军正在研发基于海藻和蓝菌的新一代生物燃料技术，预计产量将提高 40 倍以上。DARPA 还启动了名为“生命铸造厂”的合成生物学项目，用于研发生物燃料和生物材料。

七、生物电子助力信息化军事科技突破

生物电子学涉及生物科学、化学、物理学、电子科学、材料科学、工程科学等多个学科，是探索生物学与电子学之间交叉融合应用的新兴领域。以美军为首的主要国家军队正在积极投入相关研究，探索其未来军事应用前景。

目前，生物电子的研究热点领域包括生物燃料电池、生物电子材料/元件、信息处理与存储材料、生物电子执行器件等。生物燃料电池可以利用环境中易获取的、战场产生的或后勤补给中已有的各类燃料提供电源。美国麻省理工学院在美国陆军研究办公室的支持下正在研发一种新的病毒生物电池，其能量密度比目前开发的锂—空气电池高 2 ~ 3 倍。美国海军研究实验室多年来一直在资助研究基于沉积物的微生物燃料电池，已被用来连续运转气象传感器。生物电子材料/元件则借鉴生物体组装复杂有序结构的方式，打造全新的军事能力，特别是在催化、传感和光子结构这三个领域

将有广阔应用前景。近年来发展较快的是 DNA 折纸技术。美国杨百翰大学采用 DNA 折纸术研发出速度更快、价格更便宜的计算机芯片。2016 年 4 月，美国佐治亚大学的研究人员利用 DNA 分子制造出了全球尺寸最小的新型二极管，并可以据此开发实际功能的分子器件。视紫红质是最有前途的光计算和光存储材料之一，美军已经用细菌视紫红质实现全息和海量三维存储器，在高分辨图像侦察设备中有巨大应用潜力。2016 年 7 月，微软公司利用 DNA 存储技术完成了约 200 兆字节数据的保存。生物电子执行器件大多针对动物开展研究，美国空军正在利用鲨鱼感觉器官——洛仑兹壶腹中的水凝胶开发红外传感器，用于战场环境检测或高分辨率侦察。

生物电子学是一个非常年轻的新兴领域，具有广阔的军事应用前景，基于生物电子的新型武器装备可以进行目标识别和敌友判断，还能追踪运动与静止目标，适用于智能定向武器，取代传统的打击、夜视或侦察用传感器。基于蛋白质、DNA 的信息处理与存储材料有望极大促进新型计算技术和信息科学技术的发展，助力信息化军事革命的新突破。

八、“人效能优化”确定为美军的优先行动战略

未来国际环境瞬息多变，战争不确定性明显增强，军队必须积极创新，加强人在未来战争中的作用。2015 年，美军阐述了“人效能优化”带给美军文化和相关范式的改变，提出人“全维能力”，即在军事行动中与军人的效能和能力有关的各类认知、体能和社会能力要素。

“人效能优化”和“整体部队健康”为提升健康和作业能力提供了整体的路径，是实现美军愿景的基础。未来战争条件下，多种特殊威胁并存，覆盖陆、海、空、天、电的极端作战环境损伤防护面临新的挑战，各种高

新技术武器的复杂程度和信息化程度不断增加，对军人的操作能力、作业时间和适应能力提出了越来越高的要求。人的体能、技能、智能等生理局限开始成为制约“人—武器”系统效能发挥和战斗力跃升的瓶颈。认知增强研究有助于提高人大脑的学习能力、认知能力和识别能力，实现人脑和数字世界之间的信号解析和数据传输。营养和基因药物的研究应用将有望打造未来超级士兵。

2016 年，DARPA 开展了“靶向神经可塑性训练”（TNT）、“可解释的人工智能”（XAI）、“神经工程系统设计”（NESD）等认知增强项目研究。在营养补给提升作业效能方面，2016 年，美军研发的一项突破性技术使得研究胃肠道微生物组成为可能，下一步将开展士兵在严峻环境条件下增强肠道健康，预防胃肠道疾病，优化作业效能的研究。美军成功 3D 打印 250 名虚拟仿真战士开展极端环境条件下生理机制研究，开展了药物增强人效能研究，高原、高热、高寒特殊环境以及人工作业条件下人效能研究等。

（军事医学科学院卫生勤务与医学情报研究所
王磊　刁天喜　刘术　吴曙霞　李鹏　魏晓青　张音　李长芹　刘伟）

2016年脑与认知神经科学领域发展综述

2013年4月2日，美国总统奥巴马宣布正式启动“脑科学研究计划”，全称为“运用先进创新神经技术的大脑研究计划”（Brain Research through Advancing Innovative Neurotechnologies），以探索人类大脑工作机制、绘制脑活动全图，并针对目前无法治愈的大脑疾病开发新疗法，美国推出的脑科学研究计划拉开了全世界进行脑科学研究的大幕。

一、发展背景

脑与认知神经科学涉及神经科学、认知科学、控制科学、医学、计算机科学和心理学等多个学科，是新兴的、多学科交叉的前沿研究方向。脑科学研究计划旨在了解大脑结构和功能及二者之间的相互关系，是基础科学的重大命题之一，也是当前最活跃的重点、热点前沿学科领域。美国出台“脑科学研究计划”拉开了全世界进行脑科学研究的序幕，之后，欧盟、日本、英国、俄罗斯等国家和组织先后启动了各自脑计划，并将脑计划上升到国家战略层面，各个国家的军方也迅速投入人员和经费积极参与其中，可见脑计划的国防和军事战略意义非同一般，是各个国家抢占战略制高点，积极开展脑计划研究的契机，对于推动和部署控脑权和脑控权具有重大现实意义。

除此之外，各国也期望通过“脑科学研究计划”，能加深对人类大脑近千亿神经元的理解，大大加深对人类感知、行为和意识的认识，而这将有助于对阿尔茨海默症、帕金森病、癫痫和创伤性脑损伤等重大疾病的认识，并最终找到一系列神经疾病的新疗法，还有望为人工智能领域的发展铺平道路，脑计划因而被认为是可与“人类基因组计划”相媲美的重大科研战略计划。

二、军事需求

随着人们对脑功能认识的不断深入，近 20 年来，脑科学相关技术得到了蓬勃发展。脑机接口是脑科学研究的热点领域，脑机接口是指在人或动物的大脑与外部设备间建立直接连接通路，能够不依赖于神经和肌肉，实现大脑与外界联系，它是大脑和外部环境之间的一种直接信息交流和控制通道，通过这个通道，可以将大脑活动的信息直接提取出来，并由此实现对外部设备的控制；也可以让外界信息直接传入大脑或直接刺激大脑的特定部位来调控其行为，即实现脑控和控脑。而脑控和控脑技术的发展则催生了人们对未来战争模式的思考。

未来战争将基于高度发达的人工智能，战场环境复杂多变、作战强度几何倍增、作战样式梯次叠加。而战场数据信息则呈现出多维、巨量、无序等数理特性，同时还兼具分裂生长、催化发酵、遗传变异等生化特性。战场数据这些复杂多变的特性，一定会影响军事指挥人员的思维判断，干扰军事指挥人员的决策部署，消减军事指挥人员的认知能力。某种程度上说，甚至会控制军事指挥人员的意识行为，使之丧失最佳的决策时间、最正确的决策指令，甚至会诱导指挥人员发出错误的决策指令，从而进入敌人设计的层层圈套。

未来战争战场环境和数据信息的这些特性，以及可能导致的军事指挥人员的认知能力发生变化的种种可能，要求作战指挥中枢机构能排除认知干扰，迅速、准确地对战前信息进行捕获、识别、分析、决策和反馈，而这些指令和决策的执行者最终是军事指挥人员，因此，如何在战场环境复杂、作战强度极高的条件下提升军事指挥员的认知和决策能力，是未来战争的必修课。

除了对作战指挥中枢系统产生的影响，脑科学及认知神经科学还可能推动军事领域的其他变革。例如，可以催生出基于脑控和控脑技术的武器系统，也就是美军提出的打造“阿凡达”式的人脑远程控制系统，实现作战零伤亡。还有就是加剧心理战，未来有可能研制出能读取人的认知和思想的技术，从而可以了解和掌握敌方人员的心理状态，并适时发动心理战，从精神意志上给敌方致命一击。实现认知精神类药物武器化也是脑科学研究的重要领域之一，未来有可能研发出针对中枢神经系统，影响情感、记忆、行为的新型特异性药物，极易破坏血脑屏障，迅速发挥失能甚至致死效果，当然，这也涉及战争伦理的问题。创伤后应激障碍（PTSD）和脑损伤（TBI）也是现代战争导致的普遍伤情，脑外伤仍是战场急救的难点，这些都给军人造成严重的精神心理问题，而神经影像学、神经精神治疗药物等脑科学各领域的发展，无疑会对创伤后应激障碍和脑损伤的诊断、治疗和预防产生革命性的影响。此外，脑科学研究还对军事作业能力的提升有巨大的推动作用，可以克服睡眠障碍、降低脑疲劳、缓解心理压力、延长有效作战时间等。

三、主要技术进展

2013 年 2 月，美国杜克大学在美国本土和巴西两地进行了基于大鼠的“脑脑接口”实验。2013 年 6 月，美国明尼苏达大学研制出可以用意念控制的远程遥控飞行器。2013 年 11 月，杜克大学成功完成猴子学习只用脑电波控制虚拟手臂运动，推动双向脑控设备开发。2014 年 2 月，美国哈佛大学医学院首次在猴子身上实现了“阿凡达”式异体操控。2014 年 4 月，美国国立卫生研究院（NIH）与北卡罗来纳大学医学院合作，发现一种通过控制实验动物大脑神经回路、较准确操控其行为的方式，这一成果是美国脑计划启动以来第一个重要成就。2014 年 5 月，DARPA 资助的神经控制假肢手臂——“卢克臂”获得美国 FDA 认证（图 1）。

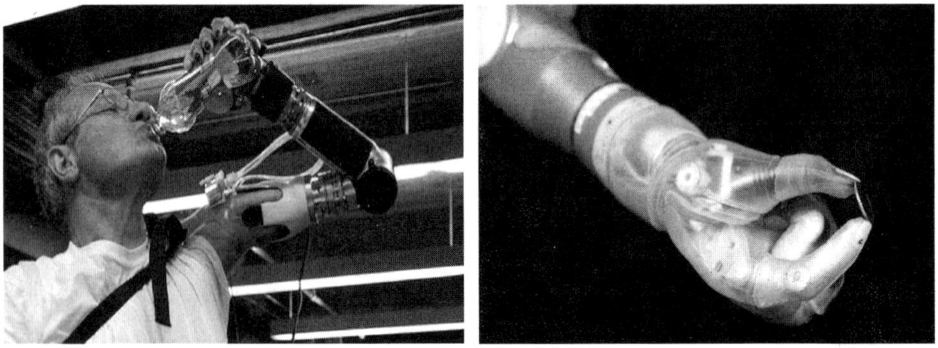

图 1　DEKA 手臂系统

2014 年 8 月，IBM 公司模仿人脑结构和信息处理方式研制出新一代神经形态计算机芯片“真北”（TrueNorth），使人类向步入认知计算机时代迈出了重要一步，颠覆从云计算到超级计算机等一切目前已知的计算科学（图 2）。

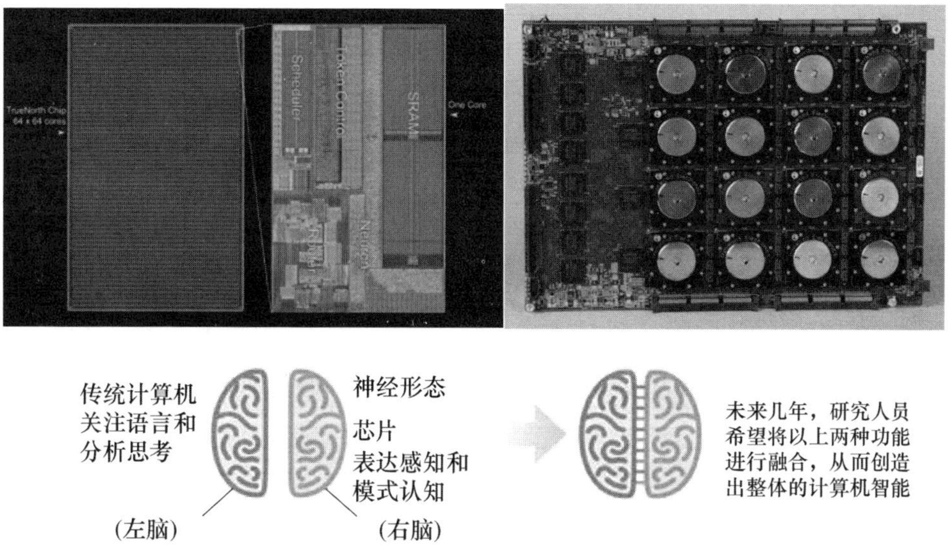

图 2　“真北”神经形态芯片

2016 年 1 月，由 DEKA 公司协助约翰·霍普金斯大学研发的通过大脑意念控制的仿生机械手臂在取得 FDA 认证后正式销售（图 3）。

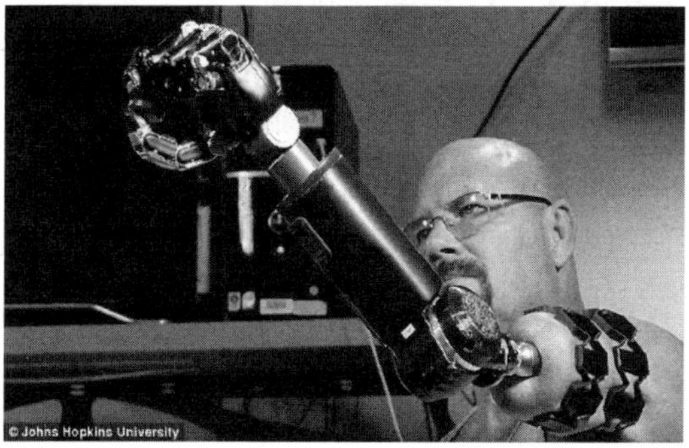

图 3　约翰·霍普金斯大学研发的通过大脑意念控制的仿生机械手臂

2016 年 1 月，DARPA 宣布启动名为“神经工程系统设计”（NESD）的研究项目，旨在开发一款完全植入式神经接口，实现人脑和数字世界之间的信号解析和数据传输。

2016 年 2 月，DARPA 宣布成功开展在动物体内导入一种微型传感器的相关试验，该试验传感器通过血管植入大脑从而记录下神经活动。

2016 年 4 月，DARPA 启动“靶向神经可塑性训练”（Targeted Neuroplasticity Training，TNT）项目，旨在探索神经可塑性在智能增强（Intelligence Augmentation，IA）中的作用。

2016 年 5 月，约翰·霍普金斯大学进行了基于脑机接口的飞行仿真控制试验研究，试验所用的脑机接口系统包含了可植入到设定目标运动皮层中的 2 组 96 个微电子阵列，研究结果有助于揭示脑机接口系统在飞行模拟器环境中能否灵活地控制飞机（图 4）。

图 4　脑控飞行控制系统界面

2016 年 7 月，圣路易斯华盛顿大学医学院的研究人员宣布绘制出了最新的人类大脑皮层图谱。这幅新图谱上极其详尽地标明了大脑的各种特征。

2016 年 7 月，美国亚利桑那州立大学“人本机器人与控制”（HORC）实验室致力研究一种创新技术，让空军飞行员使用大脑控制多架蜂群无人机。

2016 年 10 月，在 DARPA、康复研究与发展服务再生医学研究办公室、美国退伍军人事务部、美国国家科学基金会等机构的资助下，匹兹堡大学联合约翰·霍普金斯大学等研究团队通过大脑植入式芯片，实现人体机械臂的主动感知和被动感知的双向通信，该技术最终可能使人与人、人与世界之间以一种全新的方式建立关系。

2016 年 11 月，匹兹堡大学研究团队对能预测大脑活动的“平衡网络模型”进行了扩展，从而能将大脑回路与大脑活动连接起来，提供对大脑活动更深层次的预测。

此外，其他技术研究还包括制定脑扫描头盔方案，绘制鱼脑活动图谱，研发开启或关闭神经元的新型药物等。

四、未来军事应用前景

脑与认知神经科学对于人类了解自身的神经精神过程具有重要价值，同时也具有广阔的军事应用前景，其迅猛发展可能推动军事领域变革。此外，脑科学本身也属于两用性研究，其伴随产生的军事威胁同样值得引起警惕。

（一）改善神经精神损伤军人的救治

现代战争中，战伤的伤情伤类越来越复杂，特别是颅脑损伤严重影响部队战斗力和伤员的未来生活质量，脑外伤仍是战场急救的难点。同样，残酷的战争环境给军人造成的精神心理问题也成为一个越来越不容忽视与回避的问题。神经影像学、神经精神治疗药物等脑科学各领域的发展，无疑将对上述伤病的诊断、治疗和预防产生革命性的影响。

（二）提高军人认知与作业能力

随着科技的进步、武器装备系统的更新及技术的发展，现代战争对于心理应激能力、认知能力及作战能力的要求更高。如何提高军事作业的心理应激和认知能力，最大限度地降低心理障碍、睡眠障碍、脑疲劳等对认知功能造成的负面影响，提高、延长军人的战斗力，是现代军事医学重要课题。脑科学领域许多分支学科的研究都可以明显提高军人这方面的能力。

（三）推动心理战情报战升级

脑科学技术的发展有助于更好地了解与军队作战有关的行为、能力、意愿及精神压力因素，以及不同文化背景下的行为动机，甚至用于审问战俘。脑科学技术可以广泛应用于情报搜集领域，并推动心理战、情报战的升级。例如对抓获的敌方人员的情报获取，增强情报人员记忆等。事实上，这一领域已经开始发挥作用，神经影像学等脑成像技术可以“监测人的想法”，有助于了解人的行为动机，并进行人员精神与思想状态的分析，未来更有可能开发出读取人的思想信息的技术。

（四）实现认知精神类药物武器化

随着脑科学技术的发展，未来可能研发出针对中枢神经系统，影响情感、记忆、行为的新型特异性药物并应用于军事领域，特别是纳米技术能够实现装载不同药物的单一输送系统，极易穿透血脑屏障，迅速发挥失能甚至致死效果。未来很有可能，药丸将取代弹丸，战争中一方预先服用解毒药后投放药物武器，就可以导致另一方大规模失去战斗能力。目前已知阿片类药物是一种高效失能剂，其他最有可能成为武器的神经精神类药物还包括镇静剂、麻醉剂、止痛剂等。未来投送与释放技术的发展有可能实现药物集束炸弹或药物地雷。

（五）催生新型脑机武器装备

脑科学领域的进步极大地提高了人们对于人机系统研究的热情，研究结果可能会在个人和群体水平上提高武器装备性能，包括用于直接控制硬件和软件系统的脑机接口等。人们可以利用这种方法控制几乎所有的武器系统，预计将出现与大脑直接相关的新武器装备，可让操作者“随心所欲”地操控武器装备，也可提高军人对战场环境的感知能力。

（军事医学科学院卫生勤务与医学情报研究所　李鹏　楼铁柱）

（军事医学科学院科技部　李立）

（中央军委后勤保障部卫生局药品仪器检验所　王先文　郑旸）

2016 年生物材料领域发展综述

生物材料通常是指基于生物技术或基于生物质原料的材料、聚合物及其聚合单体。简单来说可以分为两个大类：狭义的生物材料就是指天然生物材料，也就是由生物过程形成的材料；广义的生物材料是指用于替代、修复组织器官的天然或人造材料。目前，各国研究的生物材料主要有蛋白质纤维、黏合剂、涂料、光电材料等，在军事领域具有广阔应用前景。2016 年，生物材料研究在多个领域取得突破。

一、美国国防部成立先进再生制造研究所

2016 年 5 月 24 日，美军发布了先进组织生物制造—制造创新研究所（Advanced Tissue Biofabrication – Manufacturing Innovation Institute（ATBMII））承建项目招标公告，拟促成多机构、多学科合作，打破技术壁垒，联合产业、高校、研究机构、地方政府和公益机构，解决先进生物组织材料制造创新过程中的关键问题，提升美国在该领域的国际竞争力。2016 年 10 月 21 日，研究所正式成立，设在新罕布什尔州曼彻斯特，名为先进再生制造研

究所（Advanced Regenerative Manufacturing Institute（ARMI）），是美国国防部牵头组建的第7家制造创新机构，也是美国2014年启动国家制造业创新计划以来确定的第9家制造业创新研究院。研究所专注人体组织生物制造，合作对象包括雅培集团、DEKA研发、美敦力、罗克韦尔自动化等行业合作伙伴，以及亚利桑那州立大学、哈佛大学、斯坦福大学、耶鲁大学等多家学术机构。美国联邦政府将投入8000万美元资金，工业和非工业合作伙伴组成的财团将额外出资2.14亿美元，重点关注高通量培养技术、3D生物制造技术、生物反应器、存储方法、破坏性评估、实时监测/感知和检测技术等，实现生物组织材料制造的规模化发展。

二、DARPA开展合成生物学制造材料的研究

生物材料一直是DARPA关注的重点领域。DARPA“生命铸造厂”项目始于2012年，旨在充分利用生物界超强的合成功能以搭建一个生物生产平台，为研发新材料、开发新功能以及新的生产模式创造条件，将生物学转化为真正的实践工程。

2016年2月，DARPA生物技术办公室发布了“生物控制”项目，通过对生物材料的嵌入式控制，为生物系统控制建立从纳米级到厘米级、从几秒到几周的跨尺度能力。“活体材料”工程项目旨在参照生物系统的运行规律开展合成生物学研究，充分利用现代基因设计技术取得的发展成果来“生长”新型材料，这不仅有望攻克合成生物在复杂环境中的稳定维持难题，更不会陷入环境污染的困境，且能避免无谓的能量损耗。该项目旨在以材料科学、工程生物学以及发展生物学为技术支撑，将传统建筑材料的结构特征与生物系统特性结合。以此项目成果为技术支持，建筑工作者能

就地从自然界中生产材料，避免了传统材料生产方式所带来的能量损耗和运输成本。此外，这些材料还具有生命特征，不仅能对周围环境做出响应，还能针对损伤实现自我修复。最终目的是通过生物系统的基因组直接获得特定的工程结构性能。

三、纳米材料和强力胶等新型生物材料取得新突破

新型生物材料主要包括蛋白质纤维、塑料、黏合剂、涂料、弹性体、润滑剂、复合材料和光电材料等，并已有多种用于军事装备。例如，软体生物外壳中的珍珠层虽主要由碳酸钙和少量生物大分子构成，其硬度是普通碳酸钙晶体的2倍，韧性则为普通碳酸钙晶体的1000余倍，科学家基于该原理，研制出了新型生物陶瓷材料，兼备坚硬、柔软性，在航空领域得到了应用。美国杜邦公司人员成功利用人造基因制备了具有蜘蛛丝特性的蛋白质分子，比尼龙和现有其他产品强度都高，更具有弹性和耐磨性；加拿大魁北克研究人员将人工合成的蜘蛛蛋白基因植入山羊的乳腺细胞中，从羊奶中提取出蜘蛛丝蛋白，制备出了“生物钢”，在飞机、人造卫星等航空航天领域具有广阔应用前景。

2016年2月，美国西北大学在《科学》发表研究结果，报道了10种不同晶体结构，可以任意进行材料设计。在研究中，科学家只使用微量单链DNA片段可将纳米金颗粒组装成各种晶体结构，光照或用新的催化反应可以让这种自组织颗粒改变形状，使用这个策略，可以将涂上不同序列的粒子组装成不同类型的晶体。这种技术在设计新型光学材料方面非常有价值，严格控制纳米粒子的间距能制造出能传输、反射和发射特定波长光的水晶材料。

2016年11月，在美国海军研究办公室（ONR）的支持下，密歇根理工大学的研究人员开发出了一种水下超级强力胶，在湿润时仍能保持黏性。研究人员使用贻贝生产的蛋白质制造出了一种可逆的合成黏合剂，它不仅可以在水下仍然保持牢固黏结，而且可以用电流实现黏合的控制。这种合成黏合剂可以响应于所施加的电流，能够快速而且反复地实现与各种表面的结合与分离。测试表明，这种材料可以附着到各种表面上，包括金属、塑料，甚至肉和骨头。这种“智能胶”将拥有多种用途。它可以将水下传感器和装置绑定到船舶和潜艇的船体上，或帮助无人驾驶的船舶在岩石海岸线或在偏远地区停靠。这种可以随意黏合和脱落的黏合剂还可能具有潜在的医学应用。它可以用作新型绷带，比如当人出汗或变湿时，它仍然能够保持附着，并在移除敷料时，能够减少人们的痛楚。将来某一天，“智能胶”甚至可能用来连接假肢和生物测定传感器，或缝合外科伤口。

2016年11月29日，美国洛杉矶Spidey Tek公司宣布成功找到大规模生产蜘蛛丝的方法。蜘蛛丝韧性好，但其产量一直是很大的问题。该技术通过确定生产蜘蛛丝的具体基因编码并克隆入特有的微生物，即利用带有蜘蛛丝基因的微生物制造蜘蛛丝，在实际生产过程中，研究人员将这种微生物放入生物反应器，令其大量增殖，同时生成蜘蛛丝蛋白。蜘蛛丝蛋白正是构成蜘蛛丝纤维的主要原料。由于微生物的增殖十分迅速，蜘蛛丝蛋白单位时间内的产量十分可观。该公司表示，用这种蜘蛛丝蛋白制成的蜘蛛丝纤维抗拉强度高达4万兆帕，是天然蜘蛛丝的10倍，是碳纤维的100倍。因此未来极有可能取代许多现有材料，例如钢、铝、碳纤维等。该蜘蛛丝纤维能通过3D打印与其他材料混合提高其机械性能，而且适用范围非常广泛。为了证明这种人造蜘蛛纤维的性能，该公司用其制造了一架无人机，该无人机相比目前生产的大部分无人机而言，具有质量小、强度高、载重能力大等性能优势。另外，利用其特有的复合强度特性，在无人机生产过程中，不需要金属框架，机身从制造到组装仅需一小时左右，这将大幅缩减无人机生产的总体成本。该公司计划再制造一架更大的无人机，翼展将达3米，一旦这种人造蜘蛛丝纤维技术成熟，未来将有望应用于更多的商业及军事任务。

四、美国“隐身斗篷”进入测试阶段

早在20世纪60年代初，美国就率先开展了“伪变色龙”隐身衣材料、飞机吸波隐身材料研制。日本东京大学在光致变色方面取得了重大进展，突破了以往只能实现一种颜色变化的瓶颈，实现了任何颜色光致变色。马萨诸塞州光电实验室公司正在研究电致变色伪装，使纺织物可瞬间变色。

2016年3月，美国伊利诺伊大学和麻省理工学院联手开发的“隐身斗篷”进入测试阶段。这种隐身材料被称为“威泰克”（Vatec），模仿乌贼、章鱼等与环境相融合的特质，置入成千上万的微小感光细胞检测周围颜色，并通过使用热敏染料在电气信号触发后进行模仿。与传统的静态伪装不一样，新型伪装技术使士兵和战车迅速融入周围环境中。该技术有望在五年内用于实战。在实地测试中，新型隐身材料不仅可以让士兵在他人视野中消失，甚至还能帮他们躲开红外线和热追踪仪器的搜捕。

五、NASA 生物打印电子元器件项目取得新进展

目前，人类制造的航天器和电子产品绝大多数采用金属部件，但是金属材料质量大、寿命短。在太空中，废旧电子器件被随意丢弃；尽管已有

一些回收手段，但都具有毒性且有害环境。生物打印电子元器件项目作为NASA 2016年度创新先进概念项目之一，采用一种名叫“生物采矿”的技术，用合成细菌结合金属，实现在废旧电子原料上制作新电子零件。细菌在打印新集成电路芯片中的作用类似于“生物墨水”。使用等离子体电子喷印技术，研究人员就有可能利用火星大气中的气体来打印和定制出材料的电化学属性。

（军事医学科学院卫生勤务与医学情报研究所
李长芹　楼铁柱　吴曙霞　蒋丽勇）

2016年仿生领域发展综述

仿生学是模仿生物系统的原理来建造技术系统，或者使人造技术具有或类似于生物系统特征的科学，即研究和探索生物系统的结构特性、能量转换、信息和控制过程，用来改善现有的或创造崭新的机械、仪器、建筑构型、工艺过程、自动装置等工程技术系统的一门综合性科学。

一、仿生材料研究深入推进

仿生材料是模仿生物的各种特性和特点，综合利用化学、材料学、生物学、物理学等原理与技术而研制开发的材料。西方发达国家和我国都非常重视仿生材料的发展，并研发了有别于传统材料的仿生新概念材料。

（一）蛛丝仿生材料

2016年6月，牛津大学的研究团队对蜘蛛丝成分进行分析后发现，金圆织网蛛（Golden Orb Weaver Spider）能吐出7种不同类型的丝，各有不同用途，其中用于悬挂的牵引丝强度最高。以这种牵引丝为模型，有望开发出拥有蜘蛛丝那样的超高强度和承受力的新型材料。

此外，研究人员发现了一种野生的蚕，吐出的丝和蜘蛛丝蛋白结构很相似。他们对这种蚕丝蛋白进行了基因测序，并与蜘蛛牵引丝的蛋白结构进行了对比，然后将蚕丝溶解，除去其中有毒的胶，再重组为一种高强度的清洁材料，命名为 Spidrex（蛛蚕丝）。其可以用于制造一种延展性材料，再塑造成膝盖软骨结构，还可用作生物相容性支架，支持组织再生。

（二）高效吸水仿生材料

2016 年 3 月，哈佛大学约翰·A·保尔森工程与应用科学学院（SEAS）和 Wyss 生物工程研究所的研究人员受沙漠甲虫崎岖不平的壳、仙人掌上刺的不对称结构和猪笼草光滑表面等自然系统特性的启发，设计出一种高性能仿生材料，再加上该研究小组开发的湿滑液体注入多孔表面技术（SLIPS），可更为有效地从空气中收集水。

一些生物可在干旱的环境中生存，因为它们已进化出可从稀薄而潮湿的空气中收集水的机制。例如纳米布沙漠甲虫，其翅膀上有一种超级亲水纹理和超级防水凹槽，可从风中吸取水蒸气。当亲水区的水珠越聚越多时，这些水珠就会沿着甲虫的弓形后背滚落入它的嘴中。研究人员实验发现，甲虫背部单独的几何形状凸块可便于凝结水滴。而通过详细的理论模型优化，并将凸块的几何形状与仙人掌刺的不对称和几乎无摩擦涂层的猪笼草结合，他们设计出的新材料，比其他材料可在更短时间内收集和运输较大的水量。

研究团队计划下一步开发出一个可以有效收集水并引导其流到水库的系统。此外，这种方法还能用在工业热交换器上，可显著提高其整体能效。

二、仿生机械研制成果显著

利用仿生学原理，设计制造新系统、新机械是生物学、机电工程、军事科学等多学科交叉的前沿方向之一。当今时代，科学技术日新月异、全球一体化加速进行，以生物科技为代表的新一轮科技革命正在孕育，为仿生机械研发提供了良好的机遇。

（一）仿生纳米缝隙传感器

蜘蛛是一种肢体活动极其灵活的节肢动物。蜘蛛的八条腿上的关节位置处都有着一种神奇的“感觉器官”，与内部神经系统直接联系。而外界环境中的物体运动，都能通过震动引发蜘蛛体内的“第六感警报”。2016 年 9 月，韩国科学家借助声音震动的原理，研发出一款源生于“真正的蜘蛛”仿生学的纳米缝隙传感器。

整套系统的独特之处在于，传感器间的缝隙间距达到了纳米级别，这也就保证了很高的传感灵敏度。具体说来，研究人员们在黏弹性聚合物表面添加 20 纳米厚度的铂金层，搭建了传感器框架。在干扰噪声高达 92 分贝的实验环境中，该传感器能够准确地捕捉到测试人员说出的“go”“jump”“shoot”和“stop”等基本单词，但是普通的传声器甚至不能清晰地录制声音。

（二）仿生大脑

2016 年 6 月，美国南加州大学神经工程中心的研究团队受 DARPA 经费支持，研制一种临床可用的大脑修复装置来帮助有记忆障碍的人，目标群体包括阿兹海默症及其他形式的痴呆症患者，以及中风或脑部外伤人员。植入的记忆修复装置包含能在大脑学习时记录信号的电极，实施计算的微型处理器，以及刺激神经元将信息编码为记忆的电极。对那些自主进行长期记忆有障碍的人，修复装置能产生促进作用。

研究者在老鼠身上的实验确实检测到一个“明显的共同电码”，但他们在灵长类动物身上的实验却没有找到这样的电码。他们表示，由于人类拥有的神经元数量远多于老鼠（人类有约860亿的神经元，而老鼠仅有约2亿神经元），所以植入人脑海马体里的电极能够记录的仅是大脑神经元的很小一部分。目前研究团队的信息仅基于他们所能记录的神经元，下一个目标则是研制排列得更加密集的电极，以记录更多的神经元活动。

（三）仿生叶装置

2016年12月，哈佛大学化学家丹尼尔·诺塞拉的研究团队联合哈佛大学医学院的生物学研究团队，制造出了一种神奇的“活电池”。这种被他们称为仿生叶的装置能够利用太阳能电池板所提供的电力，把水分解为氢气和氧气，而系统内的微生物以氢为食，能把空气中的二氧化碳转化为生物燃料。

借助于一种名为“钴磷合金”的新型催化剂，研究人员对仿生叶进行了改进升级，让其生产乙醇的效率提高了10%以上。目前，每千瓦时电能让升级版的仿生叶消化130克的二氧化碳，产出60克的异丙醇燃料。这种转化效率大约是自然光合作用的10倍以上。如能推广，将在一定程度上缓解全球变暖和能源短缺问题。

（四）仿生鱼装置

2016年9月，美国大西洋大学海洋与机械工程系获美国海军研究局资助，通过观察鱼类如何利用鱼鳍在深海中快速游动，模拟并将这种运动方式应用于水下运载工具和机器人系统，以提高其机动性和移动能力。

受到刀鱼运动的启发，研究团队近期开发了一个原型系统。这种特殊的鱼类能够轻松地完成向上、向下、横向和纵向运动。研究人员使用3D打印材料、16个电机和一层薄膜制作了这一原型，该原型可以完全浸入水中并执行监视、海底测量、检验水下结构等在内的一系列任务。研究人员计划利用这一原型系统开发一系列载具，确保其能够在恶劣的水下环境中执行商业和军事任务。

科学技术发展到现今，人类所创造的技术装置日益复杂和昂贵，体积庞大而不可靠，不能满足工业、农业、医学和军事技术越来越高的要求，这就迫使人们去寻找新的技术原理。生物在亿万年的进化过程中，通过严峻的自然选择，并在生物界的竞争中求得生存和发展，造就了许多卓有成效的导航、识别、计算、生物合成和能量转换等系统，其小巧性、灵敏性、快速性、高效性、可靠性和抗干扰性令人惊叹不已。仿生材料与机械发展将为科学技术创新提供新思路、新原理和新理论。

（军事医学科学院卫生勤务与医学情报研究所　张音）

2016 年军事生物能源领域发展综述

能源作为重要的战略性物资，是战斗力的重要保障。当前，军用化石能源的风险因素不断增加并且日益突出，生物能源成为解决能源危机最有潜力和希望的途径之一。军事能源从矿物能源到生物能源的转型已初现端倪，未来或将掀起一轮军事绿色革命，对军事发展产生深远影响，并辐射到社会经济领域，引领和带动生物经济和生物能源产业向更深层次发展。

一、军事生物能源优势日益凸显

（一）生物能源是重要的可再生能源

可再生能源是指风能、太阳能、水能、生物质能、地热能、海洋能等可以在短时间内通过天然过程得到补充或再造，从而提供源源不绝供应的能源形式。可再生能源在丰富性、经济性与环保性等方面均具有优良的特性，是潜力巨大的新能源，已成为世界能源可持续发展战略的重要组成部分，许多发达国家在可再生能源的利用上已经初具规模。生物能源是指太阳辐射经植物光合作用加工转化后形成的以生物质为载体的化学态能量，是重要的清洁能源之一，也是唯一可再生的碳源，可经物理或化学过程转化成常规的固态、液态和气态燃料。

生物质遍布世界各地，蕴藏量极大，仅地球上的植物，每年生产量就相当于目前人类消耗矿物能的20倍，或相当于世界现有人口食物能量的160倍。生物质能是解决未来能源危机最有潜力的途径之一。自20世纪70年代以来，随着世界范围内黑金（石油）、蓝金（天然气）等不可再生能源的减少和价格上涨，绿金（生物能源）的开发广泛展开，到21世纪中叶，采用新技术生产的各种生物质替代燃料将占全球总能耗的40%以上。

（二）生物能源技术发展迅猛

目前，生物燃料已发展到第四代。第一代生物燃料以玉米、大豆（美国）、甘蔗（巴西）等可食用作物为原料，代表产品为生物乙醇和生物柴油，技术成熟，简单可行，但牵涉到与粮争地的问题不能继续规模化发展。第二代生物燃料以秸秆、枯草、甘蔗渣、稻壳、木屑等纤维素质材料为原料，经过预处理、酶降解和糖化、发酵等步骤制成，以非粮作物乙醇、纤维素乙醇和生物柴油等为代表，生产成本低，不会干扰和危及粮食生产，但在技术方面遇到瓶颈，转化率和原料成本存在较大问题。第三代生物燃料是指以微藻为原料生产的各种生物燃料，也称为微藻燃料。藻类具有分布广泛、油脂含量高、环境适应能力强、生长周期短、产量高等特点，其生长不占用土地和淡水这两大资源，从生长到产油只需要两周左右，产油量也非常可观。第四代生物燃料利用代谢工程技术改造藻类的代谢途径，使其直接利用光合作用吸收二氧化碳合成乙醇、柴油或其他高碳醇等，这是当前最新技术，尚处于实验研究阶段，但在环保、成本等方面的优势已经可以预期。

（三）生物能源军事应用前景广阔

在各种军事行动中运用可再生能源可以降低部队对石油的依赖，提高军事能源供应能力，但要求这些能源系统必须便于战场部署，目前可行的战场可再生能源主要包括太阳能、风能和生物能源。利用生物能源可满足作战平台长时间、远距离机动作战的需求，如用生物技术开发石油等矿物燃料的替代品，机械化装备可望随时随地实现生物燃料的自我供给。军用生物汽油、柴油可以减少汽车、飞机、坦克、军舰等机械化武器平台对石油类燃料的依赖，为在未来可能的能源危机中保障部队作战提供可替代的解决方案。而各种生物电池则巧妙地利用生物体本身的特性，与传统供电技术紧密结合，在战场上为各种信息化装备提供便携、持久的电力。军用能源正在推动一场从矿物能源到生物能源的转型，利用生物能源为武器装备和大型作战平台提供动力，让未来的武器更具“可持续性”，是“环保装备”重要的发展方向之一，或将引领一场军事绿色革命。

二、发达国家重视军事生物能源研发应用

（一）确立军事生物能源的战略地位

美国自小布什执政末期开始启动军事能源替代计划，奥巴马上台后又将调整军事能源战略置于更高地位。继 2011 年 6 月公布首份《作战能源战略》（Operational Energy Strategy）之后，于 2012 年 3 月又发布了《作战能源战略实施计划》（Operational Energy Strategy：Implementation Plan）。前者清晰地描绘了全面改革美军基地与战场能源使用方式的构想，后者则为美军提高作战能效和运用替代能源拟订了具体的路线图。美军作战能源战略和计划强调降低对石油燃料的依赖，以更加灵活的方式利用各种能源，实

现军事能源供给的多样化并确保其安全性。远期来看，美军将从作战能源安全的角度出发，大力开发和部署可替代燃料。生物能源是美国国防部重点关注和投资的新能源之一，大规模发展先进生物能源既是奥巴马政府能源安全议题中的重要组成部分，也是美军可替代能源发展战略的重要主题。

（二）实施生物能源替代计划

作为2011年制订的能源安全目标的组成部分，美国总统奥巴马下令农业部、能源部和美国海军合作，促进国内生物燃料产业，将其作为柴油和航空燃油替代品。美国海军在与农业部和能源部开展生物能源合作的基础上，先后启动“从农场到舰队”计划和“伟大绿色舰队”（Great Green Fleet）计划，旨在2015年前实现海军战机和军舰生物燃料的采购常规化，2016年前成功打造一支由核动力舰只、生物燃料混合动力舰只与生物燃料动力战机组成的航母战斗群。根据计划，美国海军从JP－5航空煤油和F－76航海燃油入手，未来JP－5航空煤油和F－76航海燃油中将含有5%～50%的生物燃料。美国海军已于2015年1月开始了替代生物燃料的采购与分配工作。2016年举行的“环太平洋—2016”军事演习，美国海军计划将生物燃料的比例提高到50%以上，并将这种燃料应用于整个舰队的舰艇和飞机上。2016年“伟大绿色舰队”计划结束后，美国海军对生物燃料的使用将不会终止。美军打造“伟大绿色舰队”，比减少碳排放更重要的是将带动整个美军燃料供给体系发生重大变革。

美国空军于2010年5月发布了《空军能源计划》（Air Force Energy Plan）。通过不断测试普通飞机燃料与生物燃料的各类组合，着手制造清洁高效的飞机引擎，力争到2012年完成所有飞行器用生物燃料的试飞实验，到2016年使国内航空燃料的一半出自非石油原料，到2030年使所有空军基地的燃料供给符合能源安全标准。目前，空军已经认证了使用先进生物燃料的飞机种类，包括 A－10C 攻击机、F－22“猛禽”战斗机以及 C－17 运输机等。

英国国防部也在2008 年制定了“终止矿物燃料依赖”计划，要求采取的措施包括：军舰将完全依靠电力运转，而发电机则由从植物中提炼的合成燃料驱动；坦克将由电力驱动，或使用从野草中压榨提取的油类作燃料；无人机使用由藻类和微生物等加工产生的氢作为燃料，用以发射导弹。

（三）积极开展生物能源试验

2010—2011 年，美国海军使用 JP－5 航空煤油和亚麻籽提炼油按1∶1 比例混合而成的燃料，先后对 F/A－18F“超级大黄蜂”战斗攻击机、MH－60S“海鹰”直升机、T－45“苍鹰”舰载教练机进行了试飞。2011 年 10 月，美国海军使用 JP－5 航空煤油与戈壁植物骆驼刺提炼油混合而成的燃料对 MQ－8B“火力侦察兵”舰载无人直升机进行了试飞。同年，美国海军使用海藻油和 F－76 航海燃油按 1∶1 比例混合而成的燃料，对 1600 通用登陆艇、“福斯特”号驱逐舰和 LCAC－91 气垫登陆艇进行了试验。在 2012 年的一次训练中，美国海军油料补给舰“凯撒”号为导弹巡洋舰“普林斯顿”号输送了先进生物燃油和传统石油燃料按照 1∶1 比例混合而成的燃料。2012 年，在“环太平洋—2012”军事演习中，美国海军利用食用油和藻类制成的生物燃料，成功展示了其绿色舰队。作为 2012 环太平洋军演的一部分，澳大利亚海军“海鹰”直升机首次成功添加生物混合燃料。2014 年 6 月，美国海军在本土和墨西哥湾的军事行动中，使用了至少 3700 万加仑生物燃油，并与 F－76 舰用柴油和 JP－5 航空燃油混合使用。

（四）加强军事生物能源领域合作

北约组织一些同盟国也在探索减少对化石燃料依赖性的途径并强化了与美军的合作。意大利海军测试了由微藻、农业秸秆和其他废料制成的新一代生物能源。这些生物能源与目前北约海军使用燃料的设备较为兼容，避免了更换设备系统的高昂成本。2014 年 4 月意大利海军与美军签署了防务协议，将携手为水面舰艇及飞行器研发生物衍生品及其他类型的替代燃料。一种“绿色柴油”已在意大利海军的巡逻舰上实验成功，这是首次在欧洲的战舰上实验生物燃料。2014 年 5 月澳大利亚海军确认，将在 2020 年之前使现役海军舰船和飞机具备使用生物燃料的能力，此举不仅能降低对化石燃料的依赖，还能够更好地与美国海军举行联合军事行动，方便美国海军舰艇和飞机更经常地访问澳大利亚的军事基地。根据与美国的协议，澳大利亚可以获得正在研发的、确保美国舰队到 2020 年具备替代燃料使用能力的相关技术。2016 年，澳大利亚皇家海军派遣一艘使用生物燃料的护卫舰和一架使用生物燃料的直升机，参加美国海军的“伟大绿色舰队”演示。2014 年 7 月，澳大利亚、文莱、智利、哥伦比亚、日本、墨西哥和美国等 7 个国家举行了一次“替代燃料概况”简报会，美国海军表示将继续推进生物燃料项目，美国希望与会的外国成员能促进政府间合作，并表示美国愿意共享其替代生物燃料项目的试验与验证数据。

（五）开展军事生物能源前沿技术研究

美国国防部不断加大生物能源的研发力度，各军种目前已经相继投资国内设施研究开发生物能源等非碳基动力源。海军已着手研发第三代、第四代生物燃料。空军正在研发基于海藻和蓝菌的新一代生物燃料技术，预计产量将提高 40 倍以上。陆军与贝尔能源公司合作利用细菌处理可生化降解的废弃物，再加工生成液态、固态和气态燃料，以及电能和热能等。DARPA 启动了名为“生命铸造厂”的合成生物学项目用于研发生物燃料和生物材料。

英国国防部正在努力研发利用工业化藻类和微生物产生的氢作燃料的无人机，以及利用野草提炼的合成燃料驱动的军舰和坦克。为推行“绿色”建设计划，英军开始在威尔士空军基地、克莱德海军基地和博文顿兵营等单位试点实施生物发电项目。

另外，利用人体的运动来发电的发电靴、用基因工程方法使大肠杆菌把葡萄糖转化为酒精、合成专门生产甲烷的全新生物体、使用微生物燃料电池驱动无人机等都给未来军事生物能源发展以无穷的启迪。从军事角度看，未来武器装备可以不再依赖大量石油能源，而只需携带少量的合成生物体，即可将空气中的二氧化碳源源不断地转化为生物能源，必将极大提高部队的机动性和作战范围。

三、结束语

能源不仅是国家经济和社会发展的命脉，也是军事行动不可或缺的物质基础。能源的高效利用能够作为兵力的倍增器，也相当于减少了保护能源供应线的作战部队的数量。目前国内外主战兵器的机动装备大都以汽油、柴油为燃料，后勤补给任务重，要求高，给军事能源保障模式带来了一系列复杂而严峻的现实挑战。在全球化石能源日益枯竭、能源危机不断升级的大背景下，减少能源需求总量，寻找可再生能源，向装备系统实时传输能量，提升后勤保障效益，并以此加强军队的机动性，提高兵力兵器使用效率，是现代军队的重要追求。

美军作为军事能源战略转型的先行者，在生物能源研发应用领域进行了大量探索，已走在世界发达国家军队前列。英国、加拿大、意大利、澳大利亚等国也加大了军事生物能源研发和应用力度。美国等国正在进行之中的军事能源转型，尤其是军事生物能源的研发应用，预示着西方发达国家正在开展新一轮的军事能源保障变革。从军事上看，这一变革将极大改变未来战争形态和战斗力生成模式；从社会经济发展角度看，军事生物能源与生物能源产业产生了良性互动，前者对后者的辐射带动效应正日益呈现。

（军事医学科学院卫生勤务与医学情报研究所　魏晓青）

2016 年生物电子领域发展综述

生物电子学（Bioelectronics）是一个生物科学、化学、物理学、电子科学、材料科学、工程科学多学科交叉融合的新兴科学领域，旨在探索生物学与电子学之间的广阔交叉融合。广义的生物电子学研究包含三个方面：一是研究生物体系的电子学问题，包括生物分子的电子学特性、生物系统中的信息存储和信息传递，由此发展基于生物信息处理原理的新型计算技术，即生物计算领域；二是应用电子信息科学的理论和技术解决生物学问题，包括生物信息获取、生物信息分析，也包括结合纳米技术发展生物医学检测技术及辅助治疗技术，开发微型检测仪器等，即生物传感领域；三是利用生物体系的电子学特性，解决电子信息科技领域的问题，包括生物燃料电池、生物电子元器件和执行器等，即狭义生物电子领域。本文重点关注第三个方面，即狭义生物电子领域的主要军事应用与研究进展。

一、生物电子初步展现广阔军事应用潜力

目前，以美军为首的主要国家军队正在积极投入相关研究，探索其未

来军事应用的可能性。

（一）生物燃料电池革新战场能源保障方式

生物燃料电池（Biological Fuel Cells）具有无毒无有害排放的优点，其发展目标是开发环境友好的电源，其燃料包括环境中易于获取的、战场产生的或后勤补给中已有的各类燃料。

生物燃料电池反应的基本原理是阳极为水与反应性葡萄糖，可产生电子和质子；质子在阴极与氧反应通过负荷传递电子并生成水。生物燃料电池主要分成两大类：酶法和微生物法。酶燃料电池和微生物燃料电池之间的主要区别是催化反应的生物系统不同。目前，酶燃料电池比微生物燃料电池发展更迅速，且能量密度要高出几个数量级。

酶燃料电池通过选择适当的分解酶，可以分解所使用的燃料（如糖、乙醇或有机酸）产生自由电子并被阳极收集。电池所选用的酶一般都是由微生物生产并提取纯化的，已经有一些美国公司掌握了电池关键酶的提纯及使用技术并开始市场销售。微生物燃料电池则是利用整个微生物作为生物催化剂，从而能够使用各种类型的燃料，而不像酶系统只能使用一种特定的燃料。已经得到验证的燃料包括但不限于糖类、有机酸、纤维素、废水、燃料油污染的地下水、蓄水层中分解的有机物质等。微生物燃料电池还可以设计成与传统化学燃料电池相类似的形式，微生物被包埋在阳极室并保持厌氧，而阴极暴露于氧气。这类电池平台常应用于实验室实验以及复杂的燃料利用和废物整治。

美国海军研究实验室多年来一直在资助研究基于沉积物的微生物燃料电池，将阳极埋在含水层沉积物的厌氧区，阴极放置于沉积物上方，利用自然界的生物和燃料来发电。这些类型的燃料电池已被用来连续数年运转气象传感器。

（二）生物电子材料打造新型军用材料器件

生物体在组装复杂有序结构时采取的是“自下而上”的制造方式。随着对生物体基本原理的深入了解，未来将能够利用生物体的这一过程打造全新的军事能力，特别是催化、传感和光子结构这三个领域将有广阔应用前景。

生物电子材料和元件不同于仿生材料，而是具有特殊电子特性的生物材料，一般可以分成三大类：第一类是以生物作为模板，依靠生物材料或生物衍生材料组建复合材料，已经得到验证的模板包括 DNA、病毒、蛋白质、合成多肽，近年来发展较快的是 DNA 折纸技术。美国犹他大学的研究人员利用 DNA 作为模板将微电极与纳米金相连接，麻省理工学院的研究人员使用突变病毒，将多种金属和半导体附着到病毒表面表达的短蛋白质。华盛顿大学在美国陆军的资助下已经开发出一种多肽工具盒，可以将金属和半导体材料相连接，甚至还发现有机发光二极管掺杂 DNA 后能够增加亮度。第二类是将生物材料直接作为电子材料使用，但大都处于实验室阶段，离现实应用还非常遥远。有研究报道一些细菌能够产生具备导电特性的纳米细丝，这些生物纳米线的直径范围为 10 ~ 100 纳米不等。研究人员还试图利用各种蛋白质构建场效应晶体管，其中一些已经能够根据环境条件改变半导体特性，但目前只构建成功一个示范装置。第三大类是利用生物矿化作用（Biomineralization）实现生物指导的元器件组装，通过生物体或纯化酶堆积与组装无机—有机混合材料或纯无机材料。目前该领域已经对细菌、古细菌、藻类进行了深入的研究，并从生物体产生了大量的纯金属、纯合金、氧化物、硫化物、硒化物等。文献报道中已经研究了超过 30 种元素，包括过渡金属、锕系元素、镧系元素和主族元素，其中许多具有非常有趣的电子、光学或催化特性。这类生物体或纯化酶可以被固化，向其提供含有所需元素反应物的营养素，在固体支持物表面产生特定组合和形态的纳米粒子，未来还可以扩展到更为灵活的底物。这项研究还可以与纳米压印（Nanostamping）或沾笔光刻（Dip - pen Lithography）技术相结合，生成多晶红外微凸面镜或高效快速去污的纳米催化剂。

目前生物电子元器件的重点研究领域包括：利用 DNA 折纸术自组装周期性 3D 结构，酶辅助的纳米蚀刻，病毒模板，蛋白质定向组装，超越纳米功能极限的生物矿化作用，开发传感与反应性表面，电子和光子结构的自下而上组装等。

（三）信息处理与存储材料催生信息科技发展新方向

生物技术应用于信息处理和存储的最终目标是最终开发出接近人类大脑能力的技术，人类大脑的低功耗和高水平处理是非常理想的信息处理方式。通过简单的电子开/关功能尚无法映射复杂的连接、逻辑和冗余。这一目标的实现不仅需要神经科学领域的深入研究，新型生物材料的应用也非常重要。

目前研究最多的这类生物材料是视紫红质（Rhodopsins）蛋白质家族。视紫红质是通常生活在高盐或酸性环境中的微生物所表达的表面结合蛋白，主要用途是作为细胞的质子泵，可以被光激活从细胞内去除多余的质子。视紫红质的早期应用尝试是设计生物光伏，但无法实现梯度集中充电而努力失败，部分原因是该系统是基于质子而不是电子，未能开发出实际、有效的光电转换元器件。科学家在研究如何操作视紫红质蛋白时，发现了光可以引起蛋白质构象改变，而不同的构象具有不同的光谱特性。其中一些构象如果保存于受控环境，可以锁定不变许多年，这意味着可以据此构建一种光激活存储设备，能像 CD 或 DVD 一样写入和读出数据，唯一的区别是，存储介质是生物材料，无需通过蚀刻就可重置为初始状态。视紫红质将成为光计算和光存储最有前途的材料之一。苏联将含有细菌视紫红质的化学修饰聚合体薄膜变为具备实时光反应变色的全息胶片。美军已经将细菌视紫红质成功应用于开发全息和海量三维存储器，这种存储器十分坚固耐用，可经受重力打击，不受高强度电磁辐射和宇宙射线影响，可以保证数据的安全可靠，在高分辨图像侦察设备中有巨大应用潜力，可以用于目标识别和敌友判断，还能追踪运动与静止目标，适用于智能定向武器，取代传统的打击、夜视或侦察用传感器。基于细菌视紫红质的空间调变元件，目前已被美军应用于对火炮、坦克、弹药等进行无损探伤检测。

此外，DNA 存储也是目前一个重要发展方向。DNA 的信息密度非常高，理论最大值是 2 比特/核苷酸，通俗地讲，1 毫米^3 即可存储 704 太字节的数据，约 4 克 DNA 可以存储人类在一年内创造的数字数据。除此之外，DNA 存储还有很多独特优势：①DNA 保存成本低，不需耗费能源；②DNA 室温下稳定，环境要求简单，存储有效期千年以上；③DNA 体积极小、易隐藏、携带方便；④DNA 存储冗余度高，就算在非理想状态下断裂破损，所存储的信息也可以被识别读取；⑤DNA 存储是立体的，不受限于一个二维平面；⑥DNA 是一个生物分子，读写 DNA 本质上是自然界普遍存在的生物反应，因此读取和写入信息所需要的物质和生物酶在可预见的未来仍然容易获得，不依赖于某个特殊设备。目前 DNA 序列合成以每年 5 倍的速度下降，而测序价格则以每年 12 倍的速度下降，相比电子介质每年 1.6 倍的降幅要快很多。而手持式的、单分子 DNA 测序仪的研发也将大大简化从编码 DNA 中读取存储信息的过程。DNA 合成与 DNA 信息数据检出技术的进步必将有力推动生物存储技术的快速发展。

（四）生物电子执行器提供全新的战场态势感知能力

目前已经有不少关于生物电子执行器（Actuator）的研究报道，大多数来自动物研究，如蝮蛇、甲虫和蝴蝶等对热非常敏感的动物。蝮蛇的吻部有一些气孔，似乎能够收集温度信息，分辨能力可以达到几分之一摄氏度；而蝴蝶的翅膀可以采集阳光并发现环境中温暖的地点，某些甲虫已经被证明能够探测到2千米外森林火灾的热量。目前已对这些生物进行了深入的研究，据此有望设计和构建低成本、灵活、高灵敏的红外传感器技术，实现全新机制的战场态势感知能力。

在利用生物材料的构建元件中，有一些是基于一种半导体凝胶，这种凝胶来自于鲨鱼的感觉器官——洛仑兹壶腹（Ampullae of Lorenzini）。鲨鱼能够通过这种凝胶感知鱼类所释放的电磁辐射而跟踪猎物。当暴露于不同梯度的电、磁和热条件下，这种凝胶能够扩展和收缩。美国空军资助研究利用这种凝胶来开发红外传感器，在两层非常薄的黄金之间放置一层凝胶。受到辐射照射后，凝胶会膨胀并使黄金层之间的距离增大，从而增加了设备的电容。虽然它不是特别敏感的设备且不能够构建用于高分辨率相机的足够小像素，但却是第一个得到验证的，使用生物材料取代传统无机材料的成功应用案例。

二、生物电子领域不断涌现新的研究进展

（一）DNA折纸术有助研发更快更廉价芯片

2016年3月举行的美国化学学会第251届学术会议上，美国杨百翰大学的研究团队表示，采用DNA折纸术有望研发出速度更快、价格更便宜的计算机芯片。目前电子厂商生产的芯片最小为14纳米制程，这比单链DNA

的直径大 10 倍以上，也就是说，DNA 可成为构筑更小规模芯片的基础。研究人员使用 DNA 作为支架，然后将其他材料组装到 DNA 上，形成电子器件。具体是利用 DNA 折纸术组装了一个三维管状结构，让其竖立在作为芯片底层的硅基底上，然后尝试着用额外的短链 DNA 将金纳米粒子等其他材料系在管子内特定位点上。在二维芯片上放置元件的密度是有限的，而三维芯片上可以整合更多的元件。但目前的问题是 DNA 导电性能差。研究人员为此正在测试管子的特性，并计划在管子内部加入更多组件，最终形成一个半导体。最终目标是将这种管子或者其他通过 DNA 折纸术搭建的结构放到硅基底的特定位置，并将金纳米粒子与半导体纳米线连成一个电路。

（二）科学家用 DNA 分子造出全球最小二极管

2016 年 4 月，美国佐治亚大学和以色列内盖夫本·古里安大学的研究人员利用 DNA 分子制造出了新型二极管，被认为是全球尺寸最小的二极管。研究人员表示，这将促进 DNA 元件的开发，推动分子电子学的发展。在这项研究中，科学家利用 DNA 分子制造二极管，这一新型二极管的长度只有 11 个碱基对。通常情况下，每个 DNA 碱基对的长度约为 0. 34 纳米。DNA 本身并不能发挥二极管的功能。不过，当研究人员向 DNA 内部某个位置插入 2 个小的柯喃因分子，并向其施加 1. 1 伏电压时，可以发现通过该 DNA 二极管的电流在某一方向上要比另一方向强 15 倍。科学家表示，这一 DNA 二极管可以进一步优化，从而开发出可提供实际功能的分子器件。

（三）生物技术首次应用于量子点生产

2016 年 5 月，美国利哈伊大学的研究人员首次成功使用一种精确且可控的生物方法来生产量子点。它们的技术方法仅需要一个步骤，利用溶液环境下的细菌直接合成带有不同功能特性的半导体纳米颗粒。这种全新的绿色环保的量子点生产技术，将会在晶体管、太阳能电池、LED 发光二极管、激光器以及医疗成像等领域发挥巨大的潜在应用价值。研究人员通过一种叫作定向演化（Directed Evolution）的生物技术来改造细菌，让它能够选择性地生产量子点。简单来讲，即把细菌放置在一个盛有水、镉和硫元素作为合成前体以及微量的碳和氮的烧杯内。细菌在这种环境中会终止它的大部分生物功能，它们将螯合烧杯中的金属粒子，生成有活性的硫源，并控制生成物的结构以形成晶体，从而制造出量子点。该研究团队正在探索量子点的胞外生物合成方法，并有望将其实验室成功扩展为未来的量子点生产企业。

（四）DNA 存储获重大进展

2016 年 7 月，微软宣布利用 DNA 存储技术完成了约 200 兆字节数据的保存，其中包括《战争与和平》等 99 部经典文学作品。此前已有研究人员证明，数据可以被保存在 DNA 之中。不过微软表示，此前并没有任何研究者能一次性向 DNA 写入如此多数据。微软研究人员表示，DNA 是一种优良的存储介质，相对于传统存储技术，DNA 存储能带来更高的存储密度。华盛顿大学也参与了这一研究项目。目前，这项技术成本昂贵，操作复杂。不过，由于生物技术的进步，DNA 读写工具的成本正在下降。微软并未披露此次 DNA 数据存储项目耗费的成本，这其中用到了约 15 亿个碱基。负责合成这些 DNA 的 Twist Bioscience 通常每碱基收费为 10 美分。商用合成技术的成本最低可以达到每碱基 0.04 美分。读取 100 万碱基的成本约为 1 美分。研究人员相信，读写 DNA 的成本未来几年将会大幅下降，已有证据表明，这一成本的下降比过去 50 年中晶体管制造成本降低的降速更快，而晶体管成本的下降是计算技术创新的动力。

三、生物电子领域未来发展前景无限

生物电子学是一个非常年轻的新兴领域，具有广阔的军事应用前景，基于生物电子的新型武器装备可以进行目标识别和敌友判断，还能追踪运动与静止目标，适用于智能定向武器，取代传统的打击、夜视或侦察用传感器。生物燃料电池可以大幅降低部队的能源保障后勤负担，大大提高军队的机动能力和复杂环境下的装备能源供给。基于蛋白质、DNA 的信息处理与存储材料有望极大促进新型计算技术和信息科学技术的发展，助力信息化军事革命的新突破。未来人类将首先学习生物体如何成功地完成特定功能，根据生物体的经验开发设计出物理学的解决方案；第二步则是直接利用生命体的自我组织能力，直接指导复杂电子结构及元器件的组装；最终将会实现生物体与电子元器件的无限融合，完全利用生物体的高效运行、复制与修复的能力。

（军事医学科学院卫生勤务与医学情报研究所　楼铁柱）

2016年国际生物安全态势综述

2016年，国际生物安全形势继续呈现威胁巨大、影响深远、发展复杂的趋势，传统生物安全问题与非传统生物安全问题交织，外来生物威胁与内部监管漏洞风险并存，快速发展的生物技术展现对人类社会的颠覆性影响。

一、生物技术两用性风险

生命科学领域的研究不断取得突破、其研究成果造福人类的同时，生物技术谬用与误用风险不断增加，不可避免地带来了安全隐患。2016年，基因组编辑技术的逐渐成熟与广泛应用引发国际社会对其负面影响的高度关注。2016年2月9日，美国国家情报总监（Director of National Intelligence）詹姆斯·克拉珀（James R. Clapper）在向国会参议院武装部队委员会（Senate Armed Services Committee）报告的年度《美国情报界全球威胁评估报告》（Worldwide Threat Assessment of the US Intelligence Community）中，将基因组编辑（Genome Editing）技术列为大规模杀伤性武器威胁。2016年

8 月4 日，日本神户大学和东京大学联合研发小组宣布，他们已成功研发出一种能够在不切断 DNA 的情况下进行基因编辑的全新方法，称为“Target - AID”，可提高基因编辑技术效率。8 月 17 日，美国加州大学伯克利分校研究人员的一项研究发现一种提高 CRISPR - Cas9 切割靶基因效率的方法，从而能够更加容易构建和研究基因敲除细胞系以及人类基因疗法。美国国防高级研究计划局（DARPA）于 2016 年9 月发布了“基因安全项目”研究指南，目的是研究和评价新型基因研究工具及相关应对措施，促进先进基因组编辑技术的创新性研究。该计划在发展先进基因组编辑技术提升生物能力的同时，研发可以控制有意或无意带来生物安全风险的技术，支持高级基因编辑技术安全应用的工具、方法及基本理论研究。为加强两用性生物技术监管，2016 年 1 月7 日，美国国家生物安全科学顾问委员会（NSABB）首次发布文件，建议奥巴马政府设立联邦顾问小组，帮助指导病原体“功能获得性”（GOF）研究资助政策的制定。2016 年 3 月，美国国家科学院（NAS）专门召开会议，提出了功能获得性研究监管的 6 项政策选择，会议还讨论了改进病原体研究的具体步骤。

二、生物恐怖主义威胁

国际生物恐怖袭击威胁仍然严峻，炭疽杆菌、蓖麻毒素等经典生物战剂，因具备易于获取、毒性高和损伤作用强等特点，易用于制造恐怖事件。根据美国马里兰大学恐怖主义数据库报道，1970—2014 年，全世界使用大规模杀伤性武器共 143 次，包括生物手段 35 次、化学手段 95 次、辐射手段 13 次，使用者主要是非国家行为体。在英国皇家国际事务研究所（The Royal Institute of International Affairs）发表的《2016 年新发危险报告》

（Emerging Risk Report – 2016）中指出，恐怖分子一直渴望获得生物武器。比如：基地组织曾试图招募有生物学博士学位的人员以达到获取生物武器的目的，一名基地组织成员还曾造访过英国生物安全三级实验室，希望获得病原体和炭疽疫苗。农业恐怖袭击是重要的生物恐怖威胁之一。2016 年 2 月 26 日，美国国土安全委员会“应急准备、响应和沟通分委会”举行听证会，审查国家面临的恐怖袭击或农业部门自然破坏所带来的风险，以及公共和私营部门是否做好应对这些风险的准备。美国粮食和农业约占全国经济总量的五分之一，2014 年创造的美国国内生产总值为 8350 亿美元，提供美国 1/12 的就业机会，因此农业恐怖袭击可对经济产生巨大影响。为提高应对生物恐怖袭击的响应能力，2016 年 5 月 8 日，美国国土安全部采用无害气流测试的方法，了解生物恐怖袭击的传播方式及其如何影响纽约的地铁系统。研究人员采用一种直径小于人头发丝十分之一的糖颗粒，在人群较多的站点释放这些颗粒，此后收集空气中的糖颗粒，以了解潜在的生物恐怖制剂（如炭疽杆菌、蓖麻毒蛋白）是如何扩散的。

三、实验室生物安全隐患

实验室生物安全隐患仍然存在，病原体意外泄漏或失窃可能带来生物安全危害，实验室生物安全监管漏洞不容忽视。2016 年 4 月 27 日，美国国防部总监察长（Inspector General）发布了对国防部生物安全与生物安保实施情况的评估报告（Evaluation of DoD Biological Safety and Security Implementation），报告揭示美军从事管制生物剂与毒素（BSAT）研究的生物实验室存在 6 方面安全问题，并提出了整改建议。报告指出，美军达格威试验场炭疽泄漏事件后，美国国防部虽然已经采取了一些行动措施，包括成立综合评估委员会，提出改进建议等，但在现行体制下，许多措施在监管标准上互相矛盾且难以执行。2016 年 6 月 2 日，《今日美国》杂志曝光美国疾病预防控制中心（CDC）生物安全四级（BSL－4）实验室曾发生多次安全事故，包括淋浴设备、出口门密封出现故障，以及进入高级别实验室的门无法保持关闭等。记录显示，虽然该实验室最终向 CDC 的实验室监管机构报告了相关情况，但当时一些人员曾试图不报告。另外，报道还曝光了其他 CDC 实验室事故，包括 2011 年生物安全三级（BSL－3）实验室的一名工作人员离开实验室前无法进行淋浴，2008 年一名未接种疫苗的修理工修理高压灭菌锅故障时可能已暴露于不明病原体等。

四、生物防御研究进展

2016 年，一些重要烈性传染病疫苗研究取得可喜进展。2015 年 12 月 9 日，法国赛诺菲巴斯德（Sanofi Pasteur）公司开发的登革热疫苗 Dengvaxia 获得墨西哥批准，成为全球第一个上市的登革热疫苗。随后，该疫苗又相继获得菲律宾、巴西批准，预计未来还将有更多国家批准该疫苗。2016 年 1 月 6 日，美军华尔特里德陆军研究所（WRAIR）宣布，初免—加强（Prime－Boost）免疫埃博拉疫苗进入第二期临床试验阶段，试验对象包括 75 名 70 岁成年人，将在马里兰州 WRAIR 临床试验中心接种疫苗。该试验包含两种候选疫苗，一种疫苗是强生公司生产的 Ad26. ZEBOV 疫苗，另一种是丹麦北欧巴伐利亚生物制药公司（Bavarian Nordic）生产的 MVA－BN－Filo 疫苗。2016 年 8 月 18 日，美军华尔特里德陆军研究所资助的 MERS 疫苗“GLS－5300”正式完成 I 期临床试验自愿者招募，成为世界上第一个进入临床研究的 MERS 疫苗。试验将在华尔特里德陆军研究所的银泉临床试验中心进行。该疫苗为DNA疫苗，由美国Inovio制药公司和韩国GeneOne生命科学公司的美国VGXI子公司从2013年开始研究开发，其研发和生产得到华尔特里德陆军研究所的大力支持。2016年10月14日，美国国立卫生研究院（NIH）下属的国家过敏和传染病研究所（NIAID）在小鼠和非人灵长类动物中接种表达寨卡病毒前膜和包膜蛋白的DNA疫苗后产生了免疫性，发生血清中和反应，可预防寨卡病毒攻击引起的病毒血症。研究数据表明，DNA疫苗接种不仅可能是一种保护人体免受寨卡病毒感染的方法，也是预防急性感染引起的病毒血症的保护屏障。

（军事医学科学院卫生勤务与医学情报研究所　刘术）
（中国医学科学院医学信息研究所　高东平）

2016 年新发传染病防控研究发展综述

2016 年，曾经最令人关注的西非三国埃博拉出血热疫情逐渐平息，在 WHO 的统一组织下，全球各国给予了西非三国极大的支持并最终在 2015 年底 2016 年初完全控制了该疫情。但是，始自 2015 年的寨卡病毒疫情从巴西开始在全球范围内广泛传播。另外，还有中东地区的 MERS 疫情，南美和东南亚的登革热与基孔肯雅热疫情等在一定范围内流行。总的来讲，2016 年全球新发传染病疫情依旧形势严峻，并且这一趋势可能持续到 2017 年。

一、西非三国埃博拉出血热疫情有效控制

2014 年初在西非国家暴发的埃博拉出血热疫情是人类进入 21 世纪以来面临的最严重的公共卫生安全危机之一，其对西非三国造成了灾难性的影响，同时也严重考验了全球传染病防控合作。

（一）疫情整体概况

据世界卫生组织 2016 年 3 月 30 日最后一期《埃博拉疫情报告》统计，西非埃博拉疫情共计报告病例 28646 例（含疑似和可能病例），死亡 11323

例。塞拉利昂、几内亚和利比里亚均在 2015 年先后宣布疫情结束，但是，随后均有出现零星疫情，直到 2016 年 6 月，世界卫生组织确认了该疫情全部结束。

（二）疫情基本特点

1. 疫情主要发生在西非三国

不论从总的病例数（含疑似病例）还是确诊病例数以及死亡病例数来看，西非三国都占了此次埃博拉出血热疫情 99.99% 的规模（图 1）。疫情呈现出明显的地域集中分布特征，在西非三国大规模暴发，其他国家主要是由于民间相互交流或者归国医疗人员感染引起，均未发生大规模的聚集性疫情。

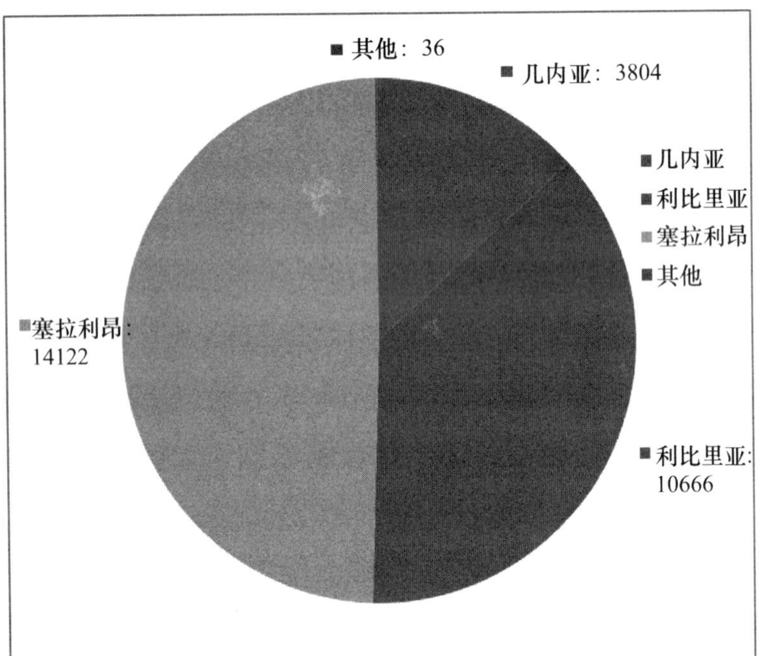

图 1　埃博拉总病例数国家分布图（如含疑似和可能病例）

2. 疫情增长速度逐步趋缓

此次西非三国埃博拉出血热疫情自 2013 年底出现，在经过短期酝酿之后，2014 年 6、7 月份迅速发展扩大，增长速度陡增，直到 2014 年 10 月达到增长高峰，随后速度开始逐步趋缓。2015 年以来一直保持较低水平增长，这一趋势一直持续到 2016 年（图 2）。

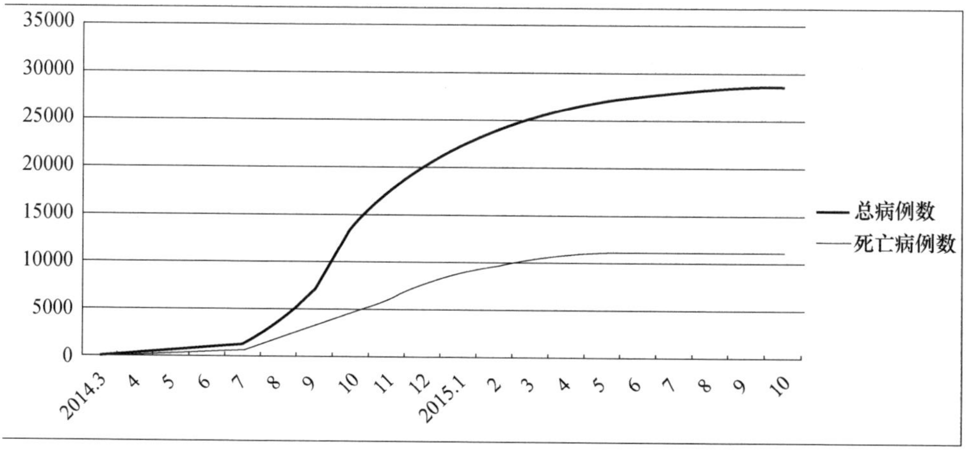

图 2　埃博拉疫情病例变化情况

3. 积极控制是应对关键

西非三国埃博拉出血热疫情控制总体上主要由 WHO 负责指导，各国卫生和相关部门具体执行实施。2015 年，WHO 在防控策略上做了诸多具体指导和建议，包括修改和完善埃博拉出血热防控的各种措施。各国根据这些指导和建议，采取了积极控制的策略。其中，在利比里亚，该国政府更是将埃博拉出血热防控全权交由美国政府处理，美国政府派出了军地双方的强大防控队伍并给予了充足的资金支持。在该国一度成为最严重疫区后，美国防控力量介入并迅速将该国的疫情控制，于 2015 年 5 月 9 日成为第一个宣布疫情结束的国家。

（三）埃博拉病毒研究进展

1. 传播途径

2014 年疫情暴发后，多个研究机构对埃博拉病毒空气传播可能性进行了分析研究，基本认为埃博拉病毒几乎不可能变异为经空气传播，但是这两年的试验研究并没有新的证据给予支持。

然而，在埃博拉性传播方面，2015—2016 年的最新研究有了进展。尤其在 2016 年初，《新英格兰医学杂志》发表两篇关于埃博拉病毒性传播的研究文献。一篇 WHO 资助的研究认为埃博拉病毒能在男性精液内长期存活（最长 9 个月）；另一篇美国国防威胁降解局（DTRA）资助的研究认为虽然该病毒能在男性精液长期存活，但性传播的分子学证据并不充分。

2. 预防性疫苗

2015 年 1 月 8 日，WHO 就埃博拉疫苗问题举行会议，两种埃博拉疫苗 I 期临床试验结果显示其安全性可被接受，尽管疱疹口炎病毒载体疫苗的临床试验因引起 4 例轻微关节疼痛被暂停，但该疫苗并未引起显著的副作用迹象。Ⅱ期临床试验于 2015 年 1 月底首先在利比里亚开始，塞拉利昂和几内亚于 2 月上旬开始。3 月底公布的两疫苗临床试验数据表明具有良好的安全性，4 月重点研究其有效性数据。7 月 31 日，英国科学杂志《柳叶刀》在线刊发有关埃博拉疫苗试验的初步结果，该研究结果表明，默克公司生产的疫苗能够在 10 天后对埃博拉病毒接触者提供 100% 的保护。

另外，据世界卫生组织 2016 年初统计，目前在研的埃博拉疫苗项目已经达到 10 余个，其中包括我国军事医学科学院的埃博拉疫苗。同时，2015—2016 年，美国卫生与公共服务部生物医学高级研发局（BARDA）资助强生公司 MVA - BN filo/AdVac 埃博拉疫苗 4050 万美元；DARPA 资助 Inovio 公司埃博拉 DNA 疫苗 4500 万美元。

3. 治疗药物

2014 年 8 月 6 日，对最权威的 THOMSON REUTERS（汤森路透）CORTELLIS 数据库分析显示，目前世界范围内针对埃博拉出血热的药物和疫苗共计 51 个，51 个品种中仅有 1 种上市（但适应症不是埃博拉出血热），3 种处于临床试验 I 期，27 种处于发现阶段，1 种暂停开发，4 种停止开发，15 种无研究报道，这也可以看出目前针对埃博拉出血热的药物和疫苗所处窘境。从类别上看，主要是疫苗、中和抗体、小分子抗病毒药物、小干扰 RNA（siRNA）和反义寡核苷酸。2015 年初和 2016 年初，分别再次统计均为 73 种，新增品种多为广谱抗病毒药物拓展抗埃博拉病毒的新适应症。

美国陆军传染病医学研究所组织了多次埃博拉防治药物的评估研讨会，在 2014 年底公布了筛选的 4 个潜在防治药物，这些药物均是合成的小分子药物，并且已经显示出广泛的抗病毒效果，包括 BCX4430、法匹拉韦、ALS－8176 和 Z－Mapp。

另外，我国军事医学科学院研发的抗体药物 MIL－77 用于英军感染女兵治疗，取得较好效果。

（四）发展趋势研判

世界卫生组织于 2014 年 12 月 7 日表示顺利完成“70－70－60”疫情控制目标，但 2015 年 1 月 7 日承认未完成既定的疫情控制目标，从“路线图”和此后的文件来看，事实上疫情控制目标始终均未顺利实现，埃博拉感染患者总数已经超过“路线图”最初提出的 2 万人接近 3 万人。尽管如此，世界卫生组织在西非埃博拉疫情防控所做的努力还是值得肯定的。2015 年末，西非三国的埃博拉出血热疫情基本得到控制，随后直到 2016 年几次又出现零星病例，说明此疫情虽然大规模暴发的可能性降低，但反复发作的可能性极大，虽然 2016 年已经宣布该疫情结束，但是最新研究表明该病毒已经开始发生变异，极有可能发生新的疫情。

二、寨卡病毒疫情

从2015年5月开始，南美洲多国（主要是巴西）暴发了寨卡病毒疫情，并在很快的时间内，传遍了整个美洲国家。2016年初开始传入西太平洋地区和东南亚地区，随后在该两地区发生本土感染病例，寨卡病毒疫情持续发展。

（一）疫情整体特点

根据世界卫生组织，截止2016年12月1日，此次寨卡病毒疫情已经波及67个国家和地区。其中56个国家和地区是首次出现寨卡病例，12个国家报告了人际传播病例，26个国家报告了寨卡病毒相关的婴儿小脑症，19个国家报告了寨卡病毒相关的GBS综合症。2016年，WHO先后三次更新了“寨卡战略应对计划”，对疫情、应对目标、计划和资金都进行了计划和建议。

2016年9月以来，东南亚多国出现本土感染病例，包括新加坡、菲律宾、泰国、越南、马尔代夫、印尼、马来西亚均已出现。泰国9月30日首次确认2例寨卡病毒相关的婴儿小脑症，这是东南亚地区首次确认。10月31日，越南确认首例寨卡病毒相关的婴儿小脑症病例。WHO认为东南亚本土感染疫情可能进一步扩大。

（二）寨卡病毒溯源研究

寨卡病毒1947年被首次发现。1954年，寨卡病毒感染病例在多国出现，尼日利亚首先证实了3例人类寨卡病毒感染病例。从1947—2007年60年期间，人类感染寨卡病毒都是偶发病例，被证实的人类感染偶发病例仅

14~18例，全部分布在非洲和南亚的热带地区。研究者们在乌干达、尼日利亚和塞内加尔的感染者体内分离出寨卡病毒，2006年测出该病毒基因组序列。

2007年，位于西太平洋密克罗尼西亚的雅浦（Yap）岛发生了寨卡病毒感染暴发流行，这是全球第一起寨卡热暴发流行事件，同时也标志着寨卡病毒感染开始向亚洲和非洲以外的国家和地区蔓延。

2013年10月，寨卡病毒又在法属波利尼西亚发生大规模暴发流行。法属波利尼西亚估计有3.2万名寨卡病毒感染病例，当地约有11%的居民都被感染，其中有8750例临床诊断病例，并且病毒传播到库克群岛（南太平洋）、新喀里多尼亚岛（南太平洋法国属地）、智利复活岛等附近岛屿。

2014年2月，在复活岛上检测出寨卡病毒，有专家认为巴西后来暴发的寨卡病毒疫情就是经由复活岛传入。在此次疫情发生之前，寨卡病毒感染病例被普遍认为症状轻微，为自限性疾病，没有重度患者或住院患者。

自2013年10月法属波利尼西亚发生疫情后，寨卡病毒开始在非洲和亚洲以外的多国流行，造成多起人类感染流行的疫情。多数观点认为寨卡病毒在2014年传入拉丁美洲，有学者认为可能是经由法属波利尼西亚传入美洲，还有多名学者研究讨论了寨卡病毒在巴西举办2014年世界杯足球赛期间传入巴西境内的可能性。

（三）寨卡病毒防治研究

寨卡病毒疫情暴发后，世界卫生组织（WHO）启动了紧急研发计划。2016年3月，WHO公布了寨卡防治药物研发进展。

1. 药物

目前，对寨卡病毒的感染发病机制及临床症状发展缺乏认识，还不能完全确定治疗性药物的效果，主要研发的治疗性药物包括阿莫地喹、氯喹、病毒唑、α 干扰素、BCX4430、GS－5734、NITD008 和单克隆抗体，其中 BCX4430 和 GS－5734 已经完成 I 期临床试验。

2. 疫苗

WHO 对商业、政府、学术等机构开展的寨卡病毒候选疫苗的发展进行了分析。正在研发的疫苗大部分是在现有的黄病毒疫苗技术的基础上进行研发的，主要研究机构包括印度巴拉特生物技术公司、巴西 Bio－Manguinhos/Fiocruz 公司、巴西布坦坦研究所、美国疾病预防控制中心、美国 Hawaii Biotech 公司、美国 Inovio 公司/韩国 GeneOne 公司、法国巴斯德研究所、法国 Valneva 公司、美国国立卫生研究院、美国 Novavax 公司、英国 Replikins 公司、奥地利 Themis 公司等，所有研发疫苗均处在临床前阶段，有一些已经持续了数月，大部分 I 期临床研究预计将在 2017 年进行。

3. 检测诊断试剂盒

现阶段的寨卡病毒体外诊断试剂盒仍处于研发阶段，WHO 为此建立了紧急使用评估（EUAL）程序，对寨卡病毒检测诊断试剂盒的质量、安全性和性能进行独立评估，以确定寨卡诊断试剂盒的紧急生产和使用，并为联合国和各成员国的公共卫生机构进行采购提供指导。到目前为止，共计有 14 个核酸检测试剂盒、15 个 ELISA 检测试剂盒和 7 个快速检测试纸可用，检测诊断试剂产品充足。

（四）寨卡病毒疫情发展态势

1. 持续发展，保持“缓、长、广”的基本特性

寨卡病毒疫情发展已经经历了其快速发展期，当前基本维持在高位发展态势，2017 年以后还将持续发展，发展态势将较为缓慢，但其地域广度和时间长度方面还将继续保持当前态势。

2. 传播途径和方式特性决定不可能消除

寨卡病毒疫情的传播途径主要为伊蚊媒介传播，同时伴有性传播和母婴传播途径。伊蚊传播方式决定了该疫情不可能在短时内消除。

3. 与登革热、基孔肯雅热交叉重叠，难以症状辨别

由于寨卡病毒患者的症状和登革热、基孔肯雅热极为相似，目前在疫情重灾区巴西也很难通过症状鉴别，只有通过病毒检测才能进行鉴别，因此三者的疑似病例也存在交叉重叠。

4. 科学研究提升治疗预防效果，但防控作用有限

当前对寨卡病毒的科学研究认识还不足，对寨卡相关疾病的防治也处于摸索阶段。随着科学研究的深入，寨卡病毒的防治产品研究也会取得进展。可以预见的是，由于寨卡病毒本身的传播途径多样化、致病机理多样化，防治产品在特定条件下可能会有一定效果，但对于整体寨卡病毒疫情的防控作用是有限的。

三、MERS 疫情依旧低水平持续

2016 年的 MERS 疫情仍然是以沙特为主要疫区，长期保持低水平态势，但是每隔数月出现一次小幅上升。然而 2015 年 5 月份却在韩国暴发了该疫情有史以来最大规模的沙特以外地区的聚集性疫情，引起了广泛关注。

（一）疫情整体概况

自 2012 年暴发以来，截止 2016 年 11 月 30 日，WHO 共计报告 MERS 病例 1813 例，死亡 645 例。该疫情在 2016 年基本保持长期低位态势，所有病例基本全部来自沙特或来自沙特的输入性病例。

值得关注的是，2015 年 5 月韩国输入性 MERS 疫情的迅速蔓延。我国于5月29日确诊了来自韩国的输入性病例，随后疫情得到控制。据韩国卫生部2015年11月25日MERS疫情数据通报，韩国累计病例达186例，其中死亡38例。

（二）研究进展

2015年6月，对2012年MERS暴发后的研究论文进行了综合分析，认为全球MERS研究进展缓慢。

1. 研究领域相对集中

2012年以来，关于MERS的病毒学、流行病学、临床特征和诊断方法的研究文献较多，而在防治药物方面研究相对较少。病毒学方面，研究明确了该病毒属于乙型冠状病毒，受体蛋白为人受体二肽酶-4（hDPP4）。流行病学方面，证实存在有限的人际传播，并认为该病毒主要局限在中东地区。临床特征方面，研究普遍认为临床过程十分不典型，甚至有些患者毫无症状，咳血较为常见，呼吸衰竭相对SARS较早出现。诊断方法方面，主要有血清学的免疫荧光法、ELISA法、微中和方法和免疫印迹技术，以及呼吸道样本RT-PCR法。

2. 防治药物和疫苗研究停滞

到目前为止，还没有上市的有效防治MERS的药物。有研究发现对于严重的MERS患者，早期使用利巴韦林和干扰素2α治疗效果较好。多个抗体药物均在临床前研究阶段，但均未取得更大进展，另外有研究表明人MicroRNA有抗病毒治疗作用。几乎没有处于研究阶段候选疫苗，研究表明，S蛋白亚单位疫苗有一定研发前景，木瓜样蛋白酶或3C样蛋白酶也可作为疫苗设计的靶点。

3. 重要研究问题未能解决

当前研究中专家认为还有一些重要问题始终未能解决。即：感染机制不明，尚未有血清学和分子学的证据证明病毒存在于单峰骆驼而非其他牲畜；传播方向不明，不能证明人与单峰骆驼之间的传播方向，也有可能存在其他来源；可能存在未知中间宿主，其在传播链中的作用不明；人际传播未能证实，当前数据不能确定人际传播，只能确定有限的人际传播能力；进化背景不清楚，研究甚至表明该病毒最早可追溯到1992年的单峰骆驼。

（三）主要MERS药物和疫苗研究

国内外在MERS防治手段方面研究相对较少。迄今，尚无上市的有效MERS防治药物和疫苗。大多数药物和疫苗仍处于早期研究阶段，主要研究可以分为如下几类。

1. 广谱抗病毒药物

许多研究机构都试图从广谱抗病毒药物中筛选出有效治疗MERS的药物，但3年以来并未取得很好的效果。2013年，美国国家过敏与传染性疾病研究所筛选出利巴韦林和干扰素－α2β治疗MERS的效果较好。但是其只能治疗轻症患者，对于重症患者无效。

2. 多肽抑制剂

2014年，复旦大学姜世勃和中科院张荣光及香港大学袁国勇合作研究了病毒的S2蛋白核心功能区的晶体结构，并据此设计和合成一个多肽可有效地抑制MERS－CoV融合和进入细胞，命名为“HR2P”。2015年，美国杜兰大学和Autoimmune技术公司也开始联合研制多肽抑制剂。

3. RNA合成抑制剂

2014年，瑞典哥德堡大学的研究人员报道了一种叫K22的小分子药物能够抑制病毒的RNA基因组的复制，具有非常强效的RNA合成抑制效果，对包括MERS－CoV在内的多种冠状病毒的复制。

4. 酶抑制剂

2015 年，美国国立卫生院的研究人员发现针对 ERK/MAPK 和 PI3K/AKT/mTOR 激酶（这些蛋白参与调节细胞的增殖、分化和凋亡等功能）的抑制剂具有抗 MERS－CoV 感染作用并开始进行研究。美国 Phelix 制药公司从 2015 年开始研发组织蛋白酶 L 抑制剂，2015 年 3 月获得 NIH 第二次资助。

5. 中和抗体

2014 年，清华大学张林琦和王新泉等发表研究论文，首次报道了 MERS－CoV 的人源化单克隆中和抗体。研究人员利用 S1 蛋白受体结合域作为诱饵，成功从人源 scFv 抗体文库中筛选到了 2 株针对 S1 蛋白受体结合域具有高效中和能力的单克隆抗体 MERS－4 和 MERS－27，在细胞水平这两株中和抗体都具有非常强的抑制病毒感染效果。复旦大学姜世勃与美国国立卫生院合作，也刷选到 3 株针对 MERS－CoV 的 S1 蛋白受体结合域的人源中和抗体，分别是 m336、m337 和 m338。

6. 免疫血清治疗

2014 年 5 月，沙特“阿卜杜拉国王”国际医学研究中心的康复血清开始进行Ⅱ期临床试验。法国 Fabentech 制药公司从 2015 年 2 月开始研发马免疫球蛋白的高纯化 Fab2 片段——FBR－001。军事医学科学院杨松涛团队也在进行这方面的研究。

7. 疫苗

目前在研的疫苗均处于临床前阶段。韩国 GeneOne 生命科学公司和美国 Inovio 制药公司从 2013 年开始研制 DNA 疫苗。美国 Greffex 公司从 2013 年开始研制腺病毒载体基因纳米粒疫苗，2014 年 9 月，美国 NIAID 对该疫苗进行了测试，效果良好。美国 Novavax 公司从 2013 年开始研制 S 蛋白重组纳米颗粒疫苗。另外，2013 年，西班牙马德里自治大学的研究人员开始研究通过反向遗传学技术构建的结构蛋白 E 缺失突变体 MERS－CoV－Δ 疫苗。2015 年，德国感染研究中心（DZIF）的研究人员研发出一种改良型痘病毒疫苗株（MVA），利用反向遗传学技术研究了 MVA－MERS－S 疫苗。

（四）发展趋势

1. 中东地区尤其是沙特依旧整体保持 MERS 低水平态势

此前中东地区以外国家的输入性病例从未引起 2015 年韩国 MERS 疫情这般规模的传播，仅在英国、法国和意大利引起过小规模聚集性病例。2014 年，马来西亚和菲律宾先后出现输入性病例，但均未发生传染。中东地区尤其是沙特，2017 年将继续保持低水平 MERS 疫情态势。

2. 亟需 MERS 研究取得实质性突破

当前 MERS 研究主要集中在病毒学、流行病学、临床特征和诊断方法方面，尽管如此，仍有诸多重要问题未能解决。比如几个流行病学问题，其直接影响到疫情的预防控制措施和手段。最重要的问题是当前防治药物方面研究相对较少，更没有上市可用的有效防治药物和疫苗。

四、其他主要新发传染病

（一）登革热疫情

2016 年东南亚和南美国家的登革热疫情持续，尤其是东南亚国家的疫情，2016 年整体均比 2015 年有所增加。越南 11 月5 日公布1 月至8 月份登革热疫情数据，比上年同期增长 97%，达到 63504 例，死亡 20 例。新加坡 10 月17 日累计报告 12235 例。菲律宾 10 月8 日公布的1 月至9 月份登革热疫情数据，比上年同期增长 11%，达到 142247 例。截至 11 月9 日，泰国已报告登革热疫情54000例，死亡51例。

截至9月27日，美洲国家已经报告240万可能病例，死亡836例，其中巴西1698424例、哥伦比亚127164例、阿根廷117941例。另外，非洲安哥拉9月报告了50例疑似病例。

从2015年12月至今，巴斯德公司Dengvaxia疫苗已经在巴西、菲律宾、墨西哥、萨尔瓦多、哥斯达黎加、巴拉圭、危地马拉、秘鲁、印尼、泰国和新加坡上市，但其防控效果还需一段时间进行评估。

（二）基孔肯雅热疫情

2016年全球基孔肯雅热疫情较上年整体缓和，疫情从广度上来看较上年有明显下降。2013年12月以来，截至9月30日，拉美地区累计报告疑似病例30万例，死亡108例，其中：巴西疑似病例216102例，玻利维亚疑似病例20158例，哥伦比亚疑似病例18955例。

东南亚地区疫情明显缓和。印度疫情有所上升，截至9月25日报告19617例（2015年全年27553例），主要在德里地区。越南，截至8月31日，疑似病例14325例。另外，菲律宾已报告了470例，斐济发生小规模暴发，已经趋缓。

（三）非洲黄热病疫情

2016年6月，非洲安哥拉全境和刚果（金）南部地区暴发严重黄热病疫情。安哥拉截至2016年10月28日共报告确诊884例，疑似病例4347例，死亡377例。刚果（金）截至2016年10月28日，确诊77例，疑似病例2987例，死亡121例。在世界卫生组织和多国帮助下，两国通过加强对症治疗和预防接种，基本在11月份控制该疫情。

安哥拉和刚果（金）的疫苗接种工作从8月全面展开，WHO组织提供疫苗达到5600万人份，两国疫区接种率已达到100%。

（四）多国暴发霍乱疫情

2016 年非洲地区多国霍乱疫情严重。其中，刚果（金）2016 年 1 月至 10 月报告 22002 例，死亡 646 例，比上年同期的 12269 例和 192 例大幅增加。南苏丹、索马里、加纳、埃塞俄比亚、尼日利亚、中非、贝宁也都有大规模的霍乱疫情暴发。

我国周边国家 2016 年报告霍乱疫情较为频繁，包括孟加拉国、缅甸、俄罗斯、韩国均有发生小规模疫情。

海地“马修”飓风灾后国内形势严峻，2016 年灾前就已报告霍乱感染病例 28559 例，平均每周 771 例，灾后疫情已经发展扩大。WHO 已经派驻专家参与防控，另外将筹备 100 万份霍乱疫苗进行接种。

（五）西非暴发拉沙热疫情

据世界卫生组织报道，截止 2016 年 4 月，西非的尼日利亚、贝宁、多哥和塞拉利昂共有 300 多人患拉沙热，死亡 164 人。其中，尼日利亚有拉沙热患者 266 例，138 例死亡。德国、美国、瑞典均出现输入性拉沙热病例。

为应对此次拉沙热疫情，几内亚、利比里亚和塞拉利昂卫生部，世卫组织，美国国外灾难援助办公室，联合国和其他伙伴共同建立了马诺河联盟拉沙热网络。此外，在欧盟支持下，正在塞拉利昂修建专门治疗拉沙热患者的新病房。

另外，2016 年发生的比较重要的疫情包括：尼日尔裂谷热疫情、赞比亚炭疽疫情、欧洲西尼罗河热疫情和西班牙肠病毒疫情。

（军事医学科学院卫生勤务与医学情报研究所　高云华）

（解放军疾病预防控制中心办公室　杨保华）

2016年外军卫生装备与技术发展综述

卫生装备保障是卫勤保障的重要支撑平台，对于提升野战化卫勤保障水平具有重要的作用，外军非常注重卫生装备研发的需求论证工作，大力优化卫生装备体系，并积极攻克关键技术研发。

一、发展背景

随着世界政治和军事格局的变化，力量平等的军事集团的对抗减少，各种制止恐怖活动、军事救援活动和地区性冲突等非常规战争的军事活动成为目前的主流，也可视其为一种新的战争形态，其很重要的袭击方式就是进行核生化武器袭击，各种核生化武器的使用或威胁使用已经成为影响人类和平和健康的最危险因素。反核生化作战已成为当前和今后相当长一段时期内外军面临的又一严峻形势，对卫勤保障也提出了一些新的需求，尤其是目前信息化战争的条件下，核生化卫勤保障也不可避免地面临着信息化建设问题，美军的核生化装备信息化建设是在其信息化建设的大背景下展开的。此外，核生化威胁也对常规卫生装备在污染条件下的生存能力提出了一定的需求，除要在污染条件下正常运转外，某些常规装备还添加了核生化防护和救治能力。

二、主要技术特点

美欧等国军队卫生装备主要特点有：一是火线急救装备突出自救护。自海湾战争后，美军围绕止血、维持气道通畅和解除张力性气胸等基本急救问题，对急救技术和相应的器材、装备进行了更新，发展轻小、高效、智能的战伤急救器材。二是战术区卫生装备突出了高机动性。如美军卫生连编配的M997救护车，以及陆军最新采购的防雷反伏击全地形战术救护车（M－ATV），均采用高机动多用途车辆底盘改装而成。德军“杜罗”3装甲急救车采用6×6高机动多用途轮式装甲车改装而成。三是战役区卫生装备突出了模块组合。这种装备以堆“积木”的方式进行建设，无需做大的调整就可快速出动、部署，在定点时可完成野战医院的任务，机动时可遂行保障，实现动静结合。四是伤员后送装备突出了立体网络。美军和德军在后送装备上形成了完整的陆海空立体化后送网络。五是信息化卫生装备突出互联互通。美军规定所有后勤保障机构和设施，以及每一个单装、单兵、单件物资，都能随时随地融入同一信息网络，即所谓的全要素入网。

三、主要技术进展

2015年12月，澳大利亚坦普尔医疗保健有限公司（Temple Healthcare Pty Ltd）、加拿大桑希尔研究公司（Thornhill Research Inc）研发的MOVES™ ICU系统便携式生命支持系统，用于伤病员现场急救和转运途中连续救治

（图 1）。该系统是世界上第一个利用集成内置微型制氧机代替高压氧气瓶的便携式生命支持系统。在不需要氧气瓶的条件下，可以为机械通气患者提供 85% 氧浓度的气体供应。系统设计主要用于直升机伤病员转运，批量伤病员事故现场或者需要便携式 ICU 支持的地方。系统可以为卧姿伤病员从战现场一直到救治链的最后提供不间断的生命支持，解决了伤病员担架换乘，监护仪、呼吸机等专用急救设备的携带不便、使用不安全等问题。

图 1　MOVES^{TM}系统与美军 LSTAT 系统使用对照图

2016 年 1 月，英国巴斯大学研发出一种智能绷带，可以在检测到伤口感染时发出荧光，提醒医生进行治疗（图 2）。这款绷带可以检测到金黄色葡萄球菌、假单胞菌和来自肠道的粪肠球菌等多种细菌感染。此外，绷带在检测到感染后 10 ~ 20 分钟之内就会发出荧光，此时细菌尚未进入血液，因而可以给医生争取更多的处理时间。

2016 年 3 月，美国陆军医学研究与物资部研发并部署一款连接部位止血带 SAM^{tm}，该连接部位止血带质量仅为 453 克，使用非常方便，单个卫生员可同时操作1个或者2个止血带，这对于战场条件下的紧急救治非常重要，能极大地缩短急救时间，大大提高伤病员的存活率（图3）。

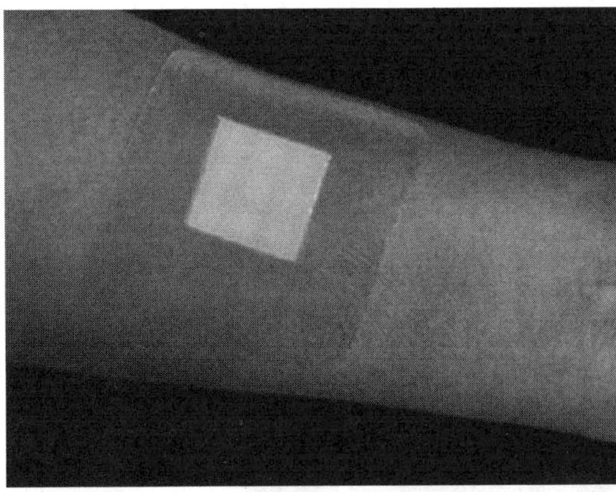

图2 “荧光”智能绷带

图3 连接部位止血带SAM[tm]

2016年3月，DARPA委托罗彻斯特理工学院（Rochester Institute of Technology）研发出一种名为“爆炸冲击量测计”（Blast Gauge）的战备装置（图4），该装置主要功能是用于测量和记录爆炸冲击波数据，这些数据用于进行任务后的健康和安全评估，以进行现场检伤分类（In－field Triage）。Blast Gauge 爆炸冲击测量计尺寸不足 1 英寸^3，质量不足 1 盎司，可以灵活安装到头盔、装备、车辆上。Blast Gauge 爆炸冲击测量计是以一整套系统的形式配备给美军的，一整套系统包含 3 枚 Blast Gauge 测量计（H/S/C）、若干数据线、一个设备读取装置及配套的 PC 程序。佩戴时，（H/S/C）Blast Gauge 测量计上分别用橙色、白色和蓝色印有字母“H”“S”和“C”，橙色 H（Head）悬挂于头部，白色 S（Shoulder）佩戴于非惯用手肩部，蓝色 C（Chest）则是佩戴于身体躯干部位，只有一整套使用才能保证设备数据的准确性。

图 4　爆炸冲击量测计

2016 年 5 月，美国陆军部署了一款新的快速检水检毒箱组（图 5）。该箱组的研制是美军事作业研究计划的一部分，能在野外条件下迅速对饮用水质中的工业化学物质做出检测，最大程度的保障士兵的饮水安全。该设备工作效率非常高，从开始检测到结果上报仅需要 90 分钟，而且该箱组质量仅为 12.6 千克。

2016 年 6 月，美军研发并部署了一款充气式帐篷医院系统（图 6）。该充气式帐篷医院比之前的型号质量轻了 50%，能展开 148 张床位。该充气式帐篷医院可由 4 个士兵在 15 ~ 30 分钟内展开，比之前的帐篷医院展开时间快了 85%。

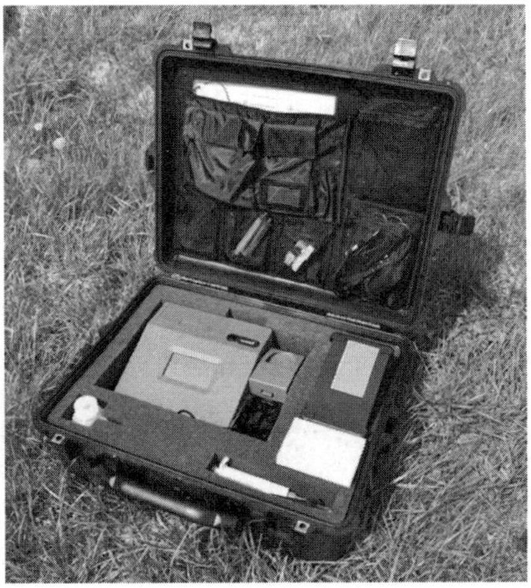

图5　新的快速检水检毒箱组

图6　充气式帐篷医院系统

2016年7月，英国伯明翰大学HIT（人机交互技术）实验室利用VR技术设计出一套仿真训练系统，能为培训英国武装部队医疗应急反应队（MERT）人员提供低成本、可快速部署的虚拟训练环境（图7）。这套解决方案采用一套VR头显、仿真人体模型VR头显、手部动作追踪手套和充气围场。充气围场用于模拟颠簸的直升机运动，直升机窗外的环境由无人机在英格兰的国家公园上空捕捉的画面构成，波音飞机帮助提供直升机客舱内部音效。一家名为 TraumaFX 的公司为该项目提供了超逼真的 Simbodie 男性人体模型，可以模拟出枪伤、割伤以及截肢等情形。

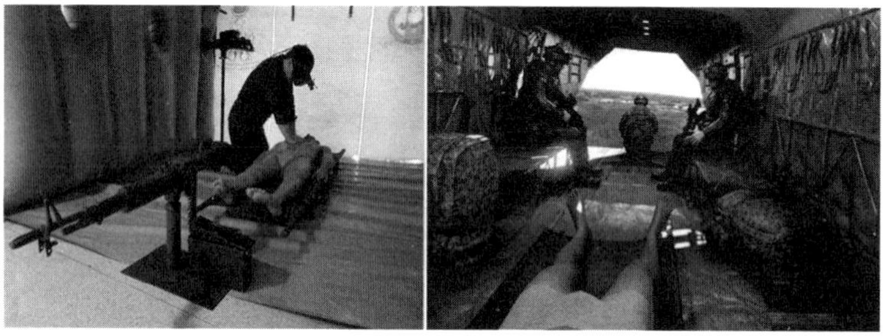

图 7　模拟仿真训练系统

2016 年 10 月，美国陆军首批共 7 辆联勤轻型战术车（Joint Light Tactical Vehicle，JLTV）已于 2016 年 9 月交付美国陆军及海军陆战队进行测试（图 8）。联勤轻型战术车共有四种车型，即通用型联勤轻型战术车、近距离作战武器运输车、重型武器运输车和双门通用运输车。其中，通用型联勤轻型战术车可用于战时伤病员的后送。

图 8　联勤轻型战术车

四、外军卫生装备与技术发展趋势

（一）信息化与机械化相融合，形成卫生装备多维保障能力

为了满足信息化战争的保障需求，以美军为代表，自上而下地全面开展信息化建设，确立技术标准，构建多层次网络，已可初步实现从总部—战区—师—分队—机动保障平台，直至单兵的实时卫勤指挥和监控。除进一步完善网络，装备的信息化建设也将得到加强，其中，机器人等无人化装备将在卫勤保障领域大放异彩，主要用于核生化侦察、伤员搜寻、伤员诊疗等方面。外军未来在进行卫生装备信息化建设的同时，卫生装备机械化也不会懈怠。主要是加强即时救治、快速后送和快速部署等能力建设，投射到卫生装备上，前沿卫生装备、医疗后送装备和机动医疗卫生装备将得到大力发展。

前沿卫生装备方面：一是将自动化技术、新材料技术、传感技术、生物技术、信息技术等高新技术用于单兵及火线救治装备，发展轻小、高效、智能化的战伤急救器材，此外还强调装备的实用性，推出了一些结构简单、功能实用的装备，如以色列的弹性绷带、美军的鼻咽通气管等；二是大型高技术装备前伸化，将通常在后方医院使用的监护、检验、治疗设备小型化并前伸，提高保障水平。医疗后送装备方面，除突出救治时效性，将监护、治疗与后送一体化，在后送装备上形成完整系列外，还强调装备的陆、海、空立体化发展，同时注重提高装备的机动能力。机动医疗装备方面，主要是加强机动装备的应用和合理编配，在兼顾装备性能的前提下，要求这些装备在定点时能完成野战医院乃至更上级卫勤单位的任务，机动时可遂行保障。

（二）实战性与先进性相统一，提高卫生装备保障效能

发展卫生装备要从需求出发，不能盲目追求技术的先进性，技术上并不复杂的巧妙设计，却能带来很好的保障效果。捷克艾格斯林公司的直升机悬吊担架，与一般担架的区别仅仅在于增加了真空气垫装置，但却能够有效避免伤员受到二次损伤，极大地提高了保障效率。美军装备的系列止血带，如壳聚糖止血带、纤维蛋白绷带和单手止血带等，已在伊拉克战争中得到应用。其中，单手止血带结构简单，特点是士兵可单手操作，取代了以往的绷带或止血棒，节约时间，可快速止血，降低了因出血造成的死亡或休克率，已经成为一线处理严重四肢创伤的标准治疗措施。除上述止血带外，外军的简易病床采用层叠设计后床位数量可增加一倍，担架支腿使担架具备了病床功能，这些简单设计，并没有采用多少先进技术，却实现了保障功能的提高。因此装备的设计与研制，在突出高新技术的同时，更强调结构功能设计，突出在用、现役装备的技术挖潜，从而提高装备的保障效能。

（三）卫生装备与保障要素相协调，推进装备保障一体化建设

未来战争条件下，可能有多种战争模式的存在，如以远程打击、突防和精确制导为主的非接触式战争，核化生武器威慑下的以多种武器系统为先导的高技术战争等，加上各种非战争军事行动，卫勤任务的种类、规模和环境由单一型向多样化发展，点多面广，集约综合。这就要求卫生装备必须能适应各军兵种及各种模式的时空变换要求，实现立体纵深大跨度的功能伸缩。为了做到这一点，外军未来主要在各层次水平上使卫生装备各个子系统之间相互渗透，优势互补，体现在以下几个方面：

一是军民之间的相互渗透，即军队卫生装备尤其是通用卫生装备应尽可能采用国内商业化产品及其规范，便于战时补给和民用卫生资源的利用。

二是各军兵种之间的相互渗透，除特殊装备外，将装备研发、使用和管理紧密结合，采取一体化模式，制定相关标准，发展各军兵种通用的卫生装备。三是装备功能之间的相互渗透，即根据不同的任务类型、规模和环境的需要，将信息化和常规的卫生装备以积木式方法进行模块化组合，研发模块化卫生装备。四是特种装备与常规装备相互渗透，常规装备“三防”化，“三防”装备常规化，在装备发展初期就考虑长远，预留这方面的接口，或做出这方面的预案。英军的 PneuPAC 通气机/复苏器，原用于一般医疗复苏，改造后也可在遭化学武器攻击后尤其是神经性毒剂中毒后对呼吸痉挛的控制。

（四）防护和隐身能力相结合，增强装备战场综合生存能力

外军非常注意提高装备对各种复杂环境的适应水平，以近年来得到极大重视的全地形车为例，其最大的特点是可以在普通车辆难以机动的地形上行走自如，能适应通过山地、丛林、沙漠、沼泽、江河、湖泊、冰雪地等各种复杂地形，从而大大提高了外军在复杂环境中的卫勤保障水平。此外，装备的防护能力也受到了极大重视。除防弹等功能外，外军也非常强调卫生装备在核生化沾染环境中的生存问题。尤其是美军，相关条令条例规定：凡是有可能在核生化污染环境中应用的装备、器材和部件，都必须采取核生化防护措施，这样就使美军能保证在核生化战场上，不仅人员能得到有效的防护，装备的抗污染、耐洗消能力也得到同步提高。

各种高技术侦察装备在信息化战争中的使用，使得战场透明度高，卫勤目标易被发现，这就要求卫生装备具有躲避敌军各种侦察器材侦察的能力。能躲避敌军侦察的卫生装备就是隐身卫生装备。通过应用信号控制技术和隐身卫生装备制造材料，能够降低卫生装备的可见度，增强卫生装备的战场综合生存能力。信号控制技术主要包括红外信号控制技术、可视信号降低技术、降噪技术、磁信号控制技术等。美军在确定国防关键技术清单时，还特别将信号控制技术群列入其中。隐身卫生装备制造材料主要是一些强度高、轻便和不反射雷达波的复合材料，在传统卫生装备上涂上能够吸收雷达波的涂料，也能使一些传统的卫生装备成为隐身或半隐身卫生装备。

（军事医学科学院卫生装备研究所　高树田　张晓峰　王运斗）

（军事医学科学院卫生勤务与医学情报研究所　李鹏）

（解放军254医院　王先文　刘辉）

2016 年特殊环境作业医学领域发展综述

军事作业医学研究的是特殊自然环境和军事作业人工环境下维持和提高军人健康和作业效能的医学问题。近年来，军事作业医学受到美国军事医学研究机构的重视，其研究成果在预防伤病、增进健康基础上，不断在保持和提高军人作业效能、科学化提高部队整体作业能力上取得突破。

一、美军提出“全维能力”新作战概念，开展人效能优化研究

所谓“全维能力”（Human Dimension），即在军事行动中与军人和军队领导者的效能和能力有关的各类认知、体能和社会能力要素。2014 年 5 月 21 日，美国陆军训练和条令司令部（TRADOC）发布“全维能力”作战概念。2015 年，美军制定“全维能力”战略规划和计划，旨在优化集成军队人员的军事效能，打造更有凝聚力和战斗力的作战团队。美军认为，未来国际环境瞬息多变，战争不确定性明显增强，军队必须积极创新，加强人在未来战争中的作用。

（一）开展认知增强研究

围绕“全维能力”概念，DARPA 于 2016 年开展了“靶向神经可塑性

训练”（TNT）、“可解释的人工智能”（XAI）、“神经工程系统设计”（NESD）等项目，旨在提高人大脑的学习能力、认知能力和识别能力。“靶向神经可塑性训练”项目，目的是探索神经可塑性在智能增强（IA）中的作用，通过脑生物节律调节技术来干预并提升大脑能力。“可解释的人工智能”项目核心是机器学习与人机交互，使用户理解人工智能系统的强项和弱点、未来的行为取向，甚至了解如何校正其错误。“神经工程系统设计”项目，旨在开发一款完全植入式的神经接口，实现人脑和数字世界之间的信号解析和数据传输。

（二）重视营养优化研究

美军自20世纪80年代开始重视营养的功能性作用，认为营养不仅仅是满足军人基本的营养需要，更重要的是在未来战争中可作为一种“战术武器”发挥作用。美军“2030未来士兵”计划，把能增强体能和改善认知的功能制剂与防护网络系统、液压伺服人机耦合携行承载系统、头面部综合防护与信息处理系统列为支撑该计划的四大高新装备。同时，美军有78%现役人员选择应用各种营养补充剂，包括摄入口服镁和复合维生素应对高能脉冲噪声，摄入葡糖胺、硫酸软骨素和锰复合物以及蛋白质应对肌肉骨骼损伤，摄入B-丙氨酸和咖啡因应对精神压力等。2011年，美军制定了降低作业应激对骨骼影响的营养措施。2012年，美国陆军环境医学研究所开始研究维持未来士兵认知和体能的营养措施。2013年，美海军引入新的评估工具（m-NEAT），评估健康饮食的保障情况。2014年，美陆军开展《军事作业与健康维护饮食供给研究计划——最优新陈代谢脑研究计划》。2015年，美陆军环境医学研究所开始研究营养干预对缓和免疫反应的效果以及功能性营养素促进免疫系统的修复研究。2016年，美军研发的一项突破性技术使得研究胃肠道内数以万亿计的细菌成为可能，下一步将开展士兵在严峻环境条件下增强肠道健康，预防胃肠道疾病，优化作业效能的研究。

（三）开展药理手段增强人效能研究

第二次世界大战以来，美军积极开展药物增强士兵军事作业能力方面的研究，主要集中在三个领域：通过服用兴奋剂来缓解身心疲劳、治疗抑郁症等；通过摄入合成代谢类激素来构建和修复肌肉，增强自身力量、提高自信；通过服用血液兴奋剂和其他手段增加血液氧运输能力，增强低氧环境下作业能力和加速适应高海拔环境。这三类效能增强药物都有强大的生物效应，在各种国际赛事中是明令禁止的，而美军为了谋求不对称性优势，选择这些药物和手段来增强士兵作业能力，但是人效能的哪些方面重要到需要通过药物或其他手段干预来超越自然生理能力，而干预是否会影响到其他生理功能？增强特定点来达到生理极限对于运动员获奖是非常重要的，但对于军人这种优势尚不确定。军人与竞争性运动员不同，他们需要对极端环境和突发威胁做出快速反应，如肌肉生长抑制剂对于需要极端肌肉肥大来保证肌肉力量的举重运动员来说是非常有效的，而对于军人来讲肌肉极端肥大可能会影响速度、敏捷性和自身温度调节。为此，美军研究强调通过任何药理来提升人效能满足战术目标、完成任务、适应武器装备方面都需要进一步论证。总的来说，近年来美军试图利用医疗技术（药物、仿生学、基因工程等）来提升人效能，使人获得超出生理基础上的功能，但生理方面的优化和调节并不能保证每次都能创造超出生理水平的作业能力，还会带来一系列伦理学问题。为此，美军转向致力于利用“外皮肤”等辅助性技术（喷气包、外骨骼、防弹衣等）则更能获得超人类效能。这些研究独立于身体之外，配合身体提升人体效能而不是研究人体本身来超越人类能力（如生物力学、重力耐受、认知需求等）。

二、加强高原、高寒、高热等特殊自然环境军事作业医学研究

未来战场环境复杂，战争作业往往处于高原、寒区、热区、沙漠、海岛等特殊环境地区，第二次世界大战以后，世界上的局部战争多发生于一些特殊环境地区。为此，美军一直以来非常重视特殊环境下军事作业医学研究，研究成果丰富。

（一）3D 打印“阿凡达”战士开展极端环境条件下生理机制研究

美军利用3D 打印技术开发出250 名“阿凡达”战士，进行极端环境条件下生理机制研究。美国陆军环境医学研究所自2010 年以来启动“阿凡达”项目，旨在利用计算机编程和3D 打印技术打印完整骨骼架构的“阿凡达”战士。2015 年，纳蒂克士兵研究、开发和工程中心（NSRDEC）的人体测量学团队提供了500 人的3D 全身扫描数据，在此基础上，美国陆军环境医学研究所利用计算机编程技术识别人体外部表征、全身解剖标志和人体结构框架，利用士兵身体运动扫描数据，设定身体弯曲和动作标准，调整整个身体的大小，成功创造出250 名男性“阿凡达”士兵。美军研究人员拟构建一个大型的“阿凡达”数据库，为每名军人都创建自己的虚拟形象，无论性别、身材和高矮。2016 年，美军主要应用这些虚拟“阿凡达”战士进行科学研究，通过着装和变换不同姿势和位置，来测试不同气候环境下士兵的生理反应和弱点，进而开展人机功效学研究来影响军事装备、设备和车辆的设计。这种数据模拟高度逼真实用，大大减少了物理测试的成本和人工测试的耗时，将在整个军事和军事医学领域得到广泛应用部署。

（二）开展高原医学研究，研发急性高原病手机应用程序

近年来，美军制定了高原士兵战备策略，提出进驻高原前体育锻炼有

助于增强体能。加强了高原适应锻炼研究，开展了6种高原预适应锻炼方案的效果研究和中等高度居民和平原居民急性高原病发病比较研究。进行了急性高原病预测模型研究，发布了首个可预测快速上升到海拔2000~4500米人员急性高原病发病率和严重程度的评估模型，为执行高原军事任务潜在急性高原病发病率和严重程度提供第一时间的定量评估。开展了高原病药物预防研究，观察地塞米松对高原肺水肿非易感者的效果，探讨改善高原体力作业效率的生理机制。发布了高原病发病危险预测系统指南，提供军人在各种环境、任务和个人因素条件下体力作业效率、认知作业效率和高原病发病危险预测，对高原病发病提供咨询。2016年，美国陆军环境医学研究所在25年高山研究成果和高山医学数据库基础上研发了一款针对急性高原病的安卓系统程序，有三个模块，帮助指挥官预测不同海拔高度引起的疾病发病率、士兵遭受急性高山病的严重程度，以及士兵到达不同海拔高度的适应时间等。利用该手机应用程序一方面可以指导士兵进行不同海拔环境习服，另一方面可以帮助指挥官在部署不同海拔作业时，预测减员人数、开展习服训练、计划任务时间等。该软件是美国陆军环境医学研究所第一代产品，在美国陆军医学研究与物资部推广下，目前已经在美国陆军部队司令部和美国陆军特种部队安装使用。

（三）开展高热医学研究，研制了微环境制冷系统等产品

近年来，美国陆军环境医学研究所开展了极限环境中脱水研究，以解决水合作用相关的军事问题。进行了极限环境中脱水研究、人体热负荷研究。2014年，纳蒂克士兵中心与美国陆军环境医学研究所联合研发了一种小型可穿戴式“微环境制冷系统”（LWECS）。该系统的冷却单元是一个直径3.5英寸的圆柱体，通过连接110英尺环绕式管道进行冷却液体流动降温，可提供120瓦的冷却功率，内置太阳能电池提供动力。这种小型轻便的冷却系统可将机组人员从飞机公用冷却系统上解放出来。2015 年，研制了单兵饮水决策终端，该终端是一种安卓系统应用程序，可计算单兵每小时饮用水需求量，下一步该系统将集成在陆军“Nett 勇士”系统内使用，这将是“Nett 勇士”系统的第一个应用程序。目前，该应用程序已经过陆军山地战学校测试，反映良好。研发了非侵入式军犬生理状态监测系统，可以实时监测军犬热应激状态，防止体温过高引起中暑，下一步将结合热生理学、生物物理学、数学建模、信号处理、数据存储和微信息处理等技术，研发针对军犬的低功率、可穿戴式、小型轻量非侵入式生理状态监测系统，实时监测军犬热应激，降低热损伤，提高耐受力。

（四）开展高寒医学研究，研究营养与生理反应的关系

近年来，美国陆军环境医学研究所开展了增强低温环境中作业能力研究，制定以科学为基础的冷损伤预防和治疗措施，保持冷应激环境中未来部队士兵的健康和能力，增强未来部队执行任务能力。具体任务是制定在冷空气和水中时限的指南；研究保护士兵预防非冻结性冷损伤的保护措施，减少由于不适当复温导致进一步损伤的治疗措施。2014 年，纳蒂克士兵中心研制了一种全新的 DRYRIDE 超薄压层面料。该面料是一种耐火性、隔热性强的防护材料，已在美国冬奥会单板队比赛队服上首次应用，下一步将用于士兵寒区御寒。

2016 年，美国陆军环境医学研究所继续与挪威国防研究院一道研究寒冷条件下营养与生理反应的关系。研究结果表明：短期冬季训练改变了士兵的营养需求，蛋白质存留率在内的营养状态标记物明显减少，说明寒冷环境下短期训练会造成肌肉受损。通过实验研究优化战斗口粮，可以减轻极端寒冷环境训练对身体造成的损伤。同时，美国陆军环境医学研究所也参与了检查实验志愿者手指、手腕、小腿和脚趾等局部部位冻伤情况并测定实时温度，以建立相应温度生理模型指导士兵在寒冷环境下正确着装，评估陆军现有寒冷环境损伤预防条例的准确性。

三、开展海军、空军等特殊人工作业环境下军事医学研究

（一）开展运动眩晕与空间定向障碍研究

美国海军医学研究代顿分部神经耳科测试中心正在开展运动眩晕和空间定向障碍研究。该中心拥有世界上最先进的临床用前庭旋转椅，以及在旋转中预编程和自定义视觉与前庭功能测试的尖端技术，包括头戴式眼部跟踪、视场光动力学投影技术等。中心开展了2个研究项目。第一个项目是FDA批准的东莨菪碱鼻腔给药治疗运动眩晕的二期临床试验，由海军医务局资助。东莨菪碱是目前最有效的晕车预防药物，但给药途径存在缺陷，影响其战场使用。鼻腔水性喷雾给药不仅可以提高吸收速度，同时还可降低最小有效剂量。第二个项目是人体正常空间定位中基本神经过程的神经影像学研究，旨在更好地了解飞行员空间定向障碍问题。科学家使用先进的256通道密集阵列脑电图（dEEG）技术，测量视觉跟踪任务和前庭刺激时的空间神经功能。高分辨率的dEEG信号可以重构三维空间，定位特定的解剖大脑结构，区分视觉和运动对空间处理的不同影响。通过研究前庭系统在激活特定大脑细胞方面的作用，可以提高对人类空间处理过程的理解和建模，从而改进模拟飞行训练，减少飞行员发生空间定向障碍的概率。

（二）研发空间定向障碍训练舱室

由海军航天系统司令部支持，美国海军医学研究中心代顿分部负责研发的空间定向障碍训练舱室装备取得进展。为了帮助飞行员解决飞行过程中发生的空间定向障碍，研究人员针对训练手段、新出现概念、生理事件

报告以及航空医学研究，借助低成本的模拟训练器，开发出航空飞行模拟训练器，从而更好地帮助飞行员处理飞行过程中出现的空间定向失衡。该模拟的独特之处是它强调了飞行员对模拟器的使用，或者可能出现的误操作的处理，以及自然地平线、人工地平线以及飞机结构的参考点等空间线索，从而帮助飞行员在更加贴近真实的飞行环境中进行训练。

（三）开展飞行员缺氧检测及缺氧后效能恢复研究

缺氧对军用和民用航空都是重要危险因素，2001 年以来，美军已发生 100 余例由缺氧引发的飞行事故。为此，美国海军医学研究代顿分部自 2013 年起，试验飞行员缺氧的头盔内检测方法。研究发现，在缺氧发作时，面罩中的氧气传感器可在血氧饱和度改变前约6 分钟检测出缺氧。目前，海军医学研究代顿分部根据上述研究结果已开发出了传感器套件，可以检测供给飞行员的空气数量或质量变化情况。该套件由氧气传感器与二氧化碳传感器组成，可以检测空气输送给机组人员之前的质量，以及呼出气体的异常，从而发现正常的呼吸代谢是否发生紊乱。该项目还得到了美国空军卫生总监办公室的资助，研究航空航天环境因素对传感器性能和精度的影响，因为航空航天环境中的气压波动、湿度水平、极端温度等许多因素都可能对传感器性能产生负面影响。研究人员将传感器置于低压室内，通过操纵其内部温度、压力、气流和湿度，建立算法来校正航空特殊环境的影响。

同时，美国海军医学研究代顿分部正在研究军人缺氧后效能恢复。研究集中在飞行员和机组人员在缺氧应激时的认知缺陷，以及影响飞行性能的应激因素类型。现有的飞行医学保障实践假定生理恢复（如血氧饱和度、心率等）完成后，认知功能也恢复正常。目前该分部正在开展一项研究，对参与者的认知基线进行长时间监测，受试者将模拟暴露于不同海拔高度，进行多次反应时间和知觉任务测试。该研究还将探讨纯氧吸入 5 分钟对长期恢复的影响。如果结果显示受试者的效能水平在吸氧后仍然受损，这将意味着，飞行员如果发生缺氧暴露，即使接受吸氧，其后续飞行仍将处于明显受损状态。在这种情况下，现有的出现症状后吸入纯氧的保障手段，应该更改为症状出现前吸氧以缓解缺氧状态。

（四）开展定向能生物效应研究

随着高功率微波和超宽带定向能武器的问世，美国空军作为世界上射频和高功率微波发射器件最大的开发者与用户，面临着射频与高功率微波辐射危害问题。为保护空军人员免受相关危害，尽可能减少负面影响，711联队在射频与高功率微波辐射计量学和生物效应领域开展了深入研究。定向能生物效应研究工作主要包括定向能武器的有效性和安全性、定向能的生物机制、射频生物效应建模和仿真、人体效能分析和整合等技术领域。

通过开展定向能生物效应研究，可以为制定国家和国际健康及安全标准提供科学依据，供空军卫生总监监督职业健康和环境安全所用。此外，研究数据也可用来支持定向能技术的快速发展和部署，以最大安全限度利用定向能。研究将收集从细胞到动物水平的生物学和行为学数据，增进对射频能量和生物系统之间相互作用的理解。通过仿真工具的开发、实施和利用，预测生物组织对射频和高功率微波能量的反应。这些模型可用以评估和支持定向能系统的有效性，提供系统运行最佳参数，为作战人员发展射频和高功率微波技术提供决策支持工具，并提供对抗定向能技术生物效应的方法。此外，这项研究将通过确定非致命性武器的风险特征和有效性进一步支持人体效应的工作。

定向能生物机制的重点是开展蛋白质组学、基因组学、代谢组学研究，发现暴露于定向能的关键生化指标或生物分子变化，帮助预测对健康的影响。目标是研究生物学和射频辐射之间相互作用的基本机制，发现可能产生新的防御或进攻能力的前所未知的生物效应。

定向能武器有效性和安全性研究，旨在表征个人在应对高平均功率和高峰值功率定向能系统的行为和生理反应。通过生物效应的研究，支持开发和部署新型定向能武器和其他新兴技术。这项研究也将提供数据帮助发展定向能武器使用的战术、训练和安全优化程序，帮助评估和支持定向能系统的有效性、政策接受程度以及最佳使用方案。研究有助于更好地了解定向能武器生物效应以及应对这类生物效应的方法。

射频生物效应建模与仿真研究，主要是进行数学、统计和理论分析，开发模拟和仿真产品。这些模型将帮助开发暴露于射频与高功率微波辐射的生物效应预测和决策软件，并综合电流、定向能武器、雷达、通信等系统对生物系统影响的建模和仿真。

人体效能分析与整合研究，目的是提供人体效应数据和信息，用以表征非致命武器设备和技术。通过实验室和野外试验广泛了解各类技术的人体效应，包括定向能、防暴剂、宽带光、声波和钝物撞击材料。另一个目标是应用科学数据来优化非致命性武器的工程设计参数，包括原型装备的评估和测试。

（军事医学科学院卫生勤务与医学情报研究所　李长芹　楼铁柱　刁天喜）
（海军医学研究所　陈伯华）
（空军航空医学研究所　钟方虎）

ZHONG YAO

ZHUAN TI FEN XI

重要专题分析

生命铸造厂计划实施情况及进展

2016 年 5 月，美国国防高级研究计划局在五角大楼举办的名为“致力于加快改变游戏规则的技术转型”的年度展示日中，对生物技术办公室（BTO）负责的 11 项计划进行了集中展示，其中生命铸造厂（Living Foundries）获得了极大的关注，而美军也将生命铸造厂确定为未来三大颠覆性生物技术之一。本文将介绍生命铸造厂计划实施情况、最新进展以及军事应用前景。

一、计划背景及实施情况

生命铸造厂是基于生物体的新型材料设计、制造技术，是利用合成生物学技术实现材料的标准化设计和制造，强化按需设计、按需制造和生产超常材料的能力。早在 2012 年美军就提出了生命铸造厂计划，主要承担机构有美国斯坦福大学、哈佛大学、麻省理工学院、加州理工学院、文特尔研究所以及 Amyris 公司等，项目主管单位为美国国防高级研究计划局生物技术办公室。生命铸造厂计划自 2011 年 5 月启动以来已累计部署经费 3.5

亿~4亿美元。

生命铸造厂的设计原理是利用合成生物学技术，以自然界已有的自然物质或合成物质为基础，构建基于生物体的新型制造平台，将生物设计、研发、制造过程变成工程设计问题。通过对自然生物的操纵来获取原创性新材料、新器件、新系统和新平台，实现军用高价值材料和设备的“按需设计与生产”，该研究的最终目标是压缩生物设计、制造、测试周期和成本，实现生物元器件和生物制造平台的模块化标准化设计，推动生物制造平台质的突破（图1）。

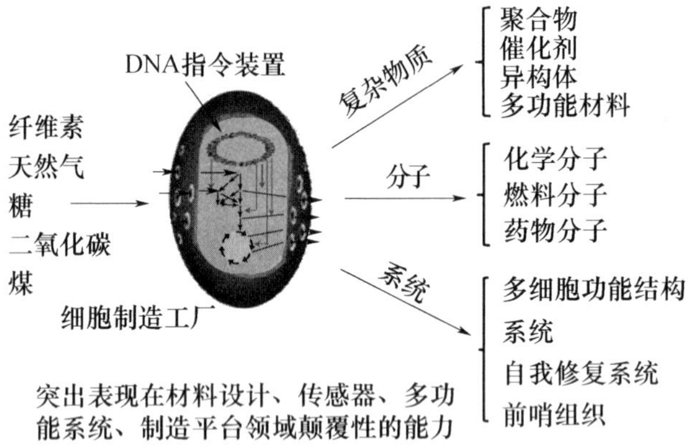

图1　生命铸造厂技术实现原理

2014年10月，美国国防高级研究计划局又启动了“生命铸造厂—千分子”（Living Foundries：1000 Molecules）计划，该计划是利用生物技术工具和工艺开展规模化精细试验，通过跨学科合作打造革命性的生物工程平台，提供新的材料、功能结构以及制造模式，作为验证，研究计划最终预期产生1000个自然界不存在的、独特的分子及化学结构模块，因此该计划全称为“生命铸造厂：千分子”（图2）。“千分子”计划是对生命铸造厂计划的补充完善。两个计划将充分利用合成生物学的技术平台，追求在材料、传感、制造领域的转化应用，创造美国的战略和经济优势。

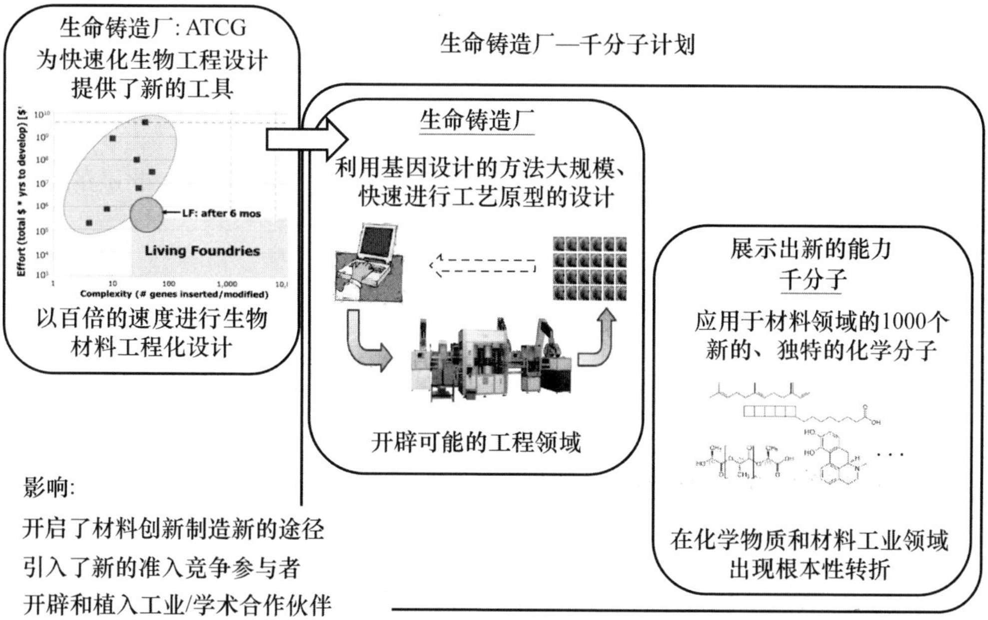

图 2　“生命铸造厂—千分子”计划整体思路

二、总体目标及关键技术

生命铸造厂计划的总目标包括以下 2 个方面：

目标一：建设可快速进行分子结构前哨组织设计的综合基础设施，能提供模块化、标准化的技术设计平台，该综合基础设施的工程规模（吞吐量）和复杂性（设计和分析）必须能超越目前已有的工程结构数个量级。

目标二：实现革命性应用，努力开辟新的应用领域，包括新材料、传感设备、新药物等，着眼于在设计、制造、测试、分析全阶段的自动化实现。

生命铸造厂计划的关键技术包括以下 4 个方面：

一是基础计算平台，该基础计算平台是基于端到端的过程监控技术，能实现可扩展和访问的平台，并进行分子结构量化精准设计。

二是生物体设计创新工具，能促进生物合成新路径、基因簇发现、化学结构预测等的正向工程。

三是可扩展、自动化、高通量的遗传设计构建，能实现大批量的工程制造需求。

四是先进的设计评价反馈工具，能推进工程系统的大规模并行测试和分析，并对结果进行评价验证，进而修正反馈。

三、取得的主要进展

开发了新的生物合成计算机软件系统，该软件系统将生物合成设计时间从以往的 1 个月缩短至 1 天，并能实现端到端的监控。

构建了大规模基因网络，以该网络为基础初步验证生物制造的正向工程能力。

建立了大规模 DNA 组装新方法，将体外准确装配的 DNA 片段数从此前最高 10 个提高到 20 个的水平，错误率降低到原来的 1/4。

实现了将多种新生物制品的设计、工程和生产提速 7.5 倍。

实现了对乙酰氨基酚合成途径的设计和制备。

四、技术面临的挑战

（一）已知分子结构的快速改进

针对自然界中已知生物分子、合成生物学实现的分子以及目前经提取、纯化得到的天然产物，技术面临的挑战是工程化技术平台应表现出生物合成路径与生产方法在产量、成本、纯度等方面取得巨大的进步。

（二）无法合成的已知分子结构

目前，某些分子无法通过常规技术手段进行生物合成，但可以构建理论上的生物合成路径，包括构建来自多种独特生物体的合成路径，而美军特别感兴趣的某些分子是很难合成或者不可能合成，或者采用化学合成成本非常昂贵，因此技术面临的挑战是低成本、高产量实现这些分子原型。

（三）创新的新分子结构设计

利用生物工程技术能够合成现有的化学和生物化学方法尚无法合成的新分子，例如，能够利用周期表新元素产生新化学物质的酶，以及能高效整合非天然氨基酸的分子。

五、军事应用前景

生物是已知最有力的制造平台之一。生命铸造厂与传统制造技术不同，是将生物作为超常材质、结构、形体、系统的源泉来制造新材料、新器件、新系统。生命铸造厂所动用的物质复杂度远超过常规物理、化学制造方式，所制造出的新产品将具备超越单纯生命与非生命物质能力极限的性能。通过生命铸造厂计划的实施，将解决新材料的生产难题（例如含氟聚合物、润滑剂、对抗恶劣环境的特殊涂层），获得新的功能（如自我修复和自我再生系统），形成基于生物体的超大规模集成生产系统（如半导体器件的生物制造），最终为美军提供改变游戏规则的制造模式，使美军获得分布式、适应性、按需生产关键高价值材料、装备的能力。

生命铸造厂计划启动实施以来，虽已取得多项重要进展，可行性已得到初步验证，但其工程化应用仍存在诸多难点，总体上仍处于前沿探索阶段，一旦取得突破，可显著提升现有制造能力，因此，美军期望生命铸造厂计划将为其获得超常材料制造能力。

生命铸造厂基础研究和应用研究概况分别见表1、表2。

表1　生命铸造厂基础研究概况

序号	年度	资助经费	研究计划
1	2015财年研究进展	1025万美元	◆对创新设计工具进行了检验，推进新遗传系统的正向工程设计。 ◆研究了评估工具，可对生物系统工程进行大规模并行测试、检验和验证。 ◆继续开发自动化、可扩展、大规模的DNA组装与编辑工具及相应流程。 ◆研究集成反馈的新方法，可探索利用研究产生的海量数据，推动未来创新设计和工艺。
2	2016财年研究计划	925万美元	◆采用创新的计算设计工具，对新遗传系统的正向工程开始进行验证。 ◆将评估工具应用于生物系统工程的高通量测试、检验和验证。 ◆研究新的学习系统，可采用综合反馈结果实现生物系统工程的迭代设计，并推动后续设计。 ◆将自动化、可扩展、大规模的DNA组装与编辑工具及流程与自动化、集成化设计—建造—测试—学习技术相结合，工程构建新的生物系统。 ◆开发工程生物学的新底盘，提高生物制造的代谢通量。

（续）

序号	年度	资助经费	研究计划
3	2017 财年 研究计划	718.5 万美元	◆通过结合大规模流程和测试数据，改进新遗传系统正向工程的设计工具。 ◆集成工程化生命系统高通量测试、检验和验证的评估工具。 ◆集成新的学习系统，实现系统迭代设计。 ◆优化集成设计—建造—测试—学习技术，实现高保真、高通量、低成本的生物系统工程。 ◆研发新底盘，提高生化产物的产量和生产。

表 2　生命铸造厂应用研究概况

序号	年度	资助经费	研究计划
1	2015 财年 研究进展	2483.8 万美元	◆扩展了目标分子的快速设计和原型基础设施的能力。 ◆扩大了实验规模，提高了快速设计和原型基础设施的生产能力。 ◆开始建立集成化的设计—建造—测试—学习反馈周期，正向设计和快速优化目标分子合成。
2	2016 财年 研究计划	2890 万美元	◆验证上述基础设施管线快速生产目标分子的能力。 ◆对铸造厂的设计和原型管线开展压力测试，验证基础设施设计的速度、广度以及效率。 ◆基于原型测试结果，在设计算法中集成学习能力以改进生产流程。 ◆通过已经建立的原型基础设施，改进目标分子的正向设计和快速优化。 ◆启动建设计算基础设施，实现端到端的流程监控。

（续）

序号	年度	资助经费	研究计划
3	2017 财年研究计划	2770 万美元	◆进一步提高基础设施管线快速原型和生产重要目标分子的能力，重点强调系统集成、通量和流程优化。 ◆继续进行基础设施的压力测试。 ◆测试生产 10 种 DOD 重要分子的能力。 ◆继续将学习能力与设计算法相结合。 ◆开始建设基础设施管线，原型生产已知的、但目前无法生物制造的分子。

（军事医学科学院卫生勤务与医学情报研究所　李鹏　楼铁柱）

（军事医学科学院科技部项目处　李立　张鹏）

美国国防部成立先进再生制造研究所相关分析

生物组织工程（Tissue Engineering），是指利用生物活性物质，通过体外培养或构建的方法，再造或者修复器官及组织的技术，涉及生物学、材料学和工程学等多学科。这个概念由美国国家科学基金委员会在 1987 年提出，在此后的 20 多年间快速发展。2015 年 6 月，DARPA 在纽约召开了 2015 年度第二次"生物学是技术"主题研讨会，会上就生物学在材料制造领域的潜力和设计构想做了主旨发言。2016 年 5 月 24 日，美军发布了先进组织生物制造—制造创新研究所（Advanced Tissue Biofabrication – Manufacturing Innovation Institute（ATB – MII））承建项目招标公告；2016 年 10 月，研究所正式成立，设在新罕布什尔州曼彻斯特，名为先进再生制造研究所（Advanced Regenerative Manufacturing Institute（ARMI）），是美国国防部牵头组建的第 7 家制造创新机构，也是美国 2014 年启动国家制造业创新计划以来确定的第 9 家制造业创新研究院。

一、成立背景

2008 年金融危机后，美国政府进行了深刻检讨，并启动了先进制造业战略。2012 年 2 月，美国总统行政办公室国家科技委员会发布了《先进制造业国家战略计划》，在 2013 年进一步推出《制造业创新国家网络》，2014 年发布了《振兴美国先进制造业》报告 2.0 版。这些战略的核心目标是加强政产学研的纵向整合，通过先进制造技术提升美国制造业全球竞争力。2016 年 4 月，美国国家科学技术委员会先进制造分委会发布了《先进制造业：联邦政府优先技术领域概要》的报告，提出了 5 个应重点考虑的新兴制造业技术领域——先进材料制造、推动生物制造发展的工程生物学、再生医学生物制造、先进生物制品制造、药品连续生产。2016 年 6 月，白宫办公室发表公告，主题是“减少器官等待，拯救生命和希望”，正式提出了将推进生物组织制造工程和再生医学的发展，增加投资力度，以缩短器官移植的等待时间，挽救更多病人。此次由国防部来牵头组建先进生物组织材料制造创新研究所，说明生物制造已经成为美国先进制造业的优先领域，甚至是战略制高点。

二、重点关注领域

（一）细胞和材料筛选和制备

活细胞和生物材料是组织和组织相关产品的基本组成部分。这些原料的筛选和制备对研究所的可持续发展至关重要。研究所重点关注的子领域包括，干细胞、生长培养基和配方原料、生物材料支架的前驱体和生物因素、测试和验证原料等。干细胞是组织生物制造优选的原始材料，生长培养基和配方原料主要用于维持、扩展和分化终末细胞等，下一步将在定义和统一生产规范基础上，充分诱导多能干细胞潜能。生物材料支架的前驱体和生物因素可包括合成的和天然的材料，将对研究所授权标准化的材料组织形成过程中，进一步标准化供应材料，保证生物因素的安全性。

（二）生物制造平台

生物制造工艺可以将生物材料和细胞组装到三维结构中，来制造活组织模拟物。这些方法是多种多样的，并已在过去二十年的组织工程、再生医疗和细胞单芯片领域的研究创新中趋于成熟。理想的生物制造平台能在三维空间上进行“细胞—细胞和细胞—材料”控制。研究所将在现有技术基础上，结合新兴技术，创新生物制造平台，以促进先进组织生产，并帮助私企、高等教育机构、政府和工业机构使用这些颠覆性技术。重点技术研发主要包括纳米和微制造工具、脱细胞组织技术、生物打印技术等。纳米和微制造工具主要被用来控制组织支架的孔隙率、生物降解率、界面化学性质、机械性能和生物相容性。纳米和微制造加工平台还可以用于创建复杂的支架，通过直接细胞迁移和吸附形成的三维结构控制细胞的位置和分化，涉及到的相关技术主要包括电纺丝、光刻、软光刻、增材制造、成型/铸造和盐浸等。脱细胞组织技术作为合适支架用于工程组织的方法已经出现了几十年，然而可用性有限，因为在规模放大过程中会导致批次之间的不稳定性问题。研究所将帮助定义和标准化相关事项。生物打印技术，将在至少五个方面有突破：增加速度和重复性的同时保持或提高打印分辨率；引入机器人及自动化，扩大规模，提高可重复性；提高3D打印人体组织的多样性和力学性质；为体外和体内生物打印组织开发测试和调节途径；定义可以跨多个实验室和工业中使用的控制平台和系统等。

（三）工艺设计与自动化技术

目前，各种生产或者手工制作的工艺设计做法限制了组织生物制造的生产工艺，生物制造平台软件也往往是机构专用的，在技术、平台或实验室几乎无法实现功能交叉。研究所下一步拟将自动化和系统工程引入到组织工程、再生医学和芯片器官制造中，实现从实验室到制造工艺的升级转变。组织生物制造平台在规模化生产的先决条件是自动重复将相同量的材料放置在相同的位置。工艺设计和自动化工具可以协助将单个的技术整合到综合的、多工具的生物制造平台中。同时，研究所将解决工艺设计和自动化制造能力上的差距，包括：优化规模化及精准化流程设计；加强模型设计、制造与测试研究；加强主要工业流程、材料与生物系统、活体细胞的组织相容性研究；加强及其软件与生物操作过程的整合研究；开发快捷、高产、低成本的样品自动筛选、分析和质量评估技术；开发实时无创检测和监控技术等。

（四）组织培育与操作技术

生物制造的活体组织对环境和时间敏感，需要适当的培养条件进行持续的营养输送来进行成熟培养和废物清除。下一步研究所将完善高通量孔板技术，提高微流控芯片技术；综合应用生物打印、自动化与机械化配送技术；根据组织类型设计生物反应器模型并制定相应的标准参数，以保障先进生物组织材料正常培养、维护与转移。

三、意义

美军成立该研究所拟通过多机构参与的模式，促成多机构、多学科合作，打破技术壁垒，联合产业、高校、研究机构、地方政府和公益机构，解决先进生物组织材料制造创新过程中的关键问题，提升美国在该领域的国际竞争力。目前研究所合作对象包括雅培集团、DEKA 研发、美敦力、罗克韦尔自动化等行业合作伙伴，以及亚利桑那州立大学、哈佛大学、斯坦福大学、耶鲁大学等多家学术机构，联邦政府将投入 8000 万美元资金，工业和非工业合作伙伴组成的财团将额外出资 2.14 亿美元，主要关注专注人体组织生物制造，重点关注高通量培养技术、3D 生物制造技术、生物反应器、存储方法、破坏性评估、实时监测/感知和检测技术等，实现生物组织材料制造的规模化发展。

首先，在细胞和材料筛选和制备领域，重新定义和标准化分化培养基配方，达成生物制造最优化协议，在生物材料制造测试和验证过程中，建立标准化测试程序和相关协议，最大程度减少每批次之间的偏差，确保纯度和原料材料的可用性与可重复性。

其次，在生物制造平台领域，开发和承担新兴生物制造工具孵化器的任务，在产业层面打破当前组织支架的传统经验。也就是说，研究所既要创新开发新技术，又要推动新技术向商业化领域应用来降低生物制造平台的应用门槛。

再次，在工艺设计与自动化技术方面，在所有组织生物制造平台上实现工艺设计标准化，实现功能交叉，在保证精度的前提下，打造全面和直观的用户界面，降低对非专业技术人员的准入门槛，促进统一的文件类型和跨平台的转换/标准化，保证稳定的过程控制，实现 4D（3D + 时间）产品的计算机辅助设计和制造等，让生物制造平台在工业、高等教育和创新机构的非专业用户中使用。

最后，在组织培育与操作技术方面，建立一套重复性好，实验室与产业化可以通用，便捷、低成本的无创检测和监控技术。

（军事医学科学院卫生勤务与医学情报研究所

李长芹　吴曙霞　蒋丽勇　楼铁柱）

外军特需药发展现状与进展

本文基于战争样式、战场环境和武器装备的新特点和新趋势，对外军特需药品发展的新理念、新技术和新品种的现状和进展进行总结，重点关注战时伤病救治、核化生医学防护、军队传染病防治和军事作业医学领域药物发展的基本态势。

一、战时伤病救治

（一）战时伤病救治的新特点

随着武器装备呈现信息化、隐身化、精确化和一体化趋势，新的战争形态和作战样式已经初步形成，战时卫勤保障和伤病救治出现了新的特点和趋势。

基于战时伤病的新特点，外军战伤救治研究的方向有了重大调整，其重点研究方向为：①止血和早期复苏的研究。止血措施一直是美军研究的重点，美国国防高级研究计划局部署的“失血后生存”项目能够将“黄金救治时间”延长到6～10 小时或更长。新型复苏方法包括“止血复苏”或

“损害控制复苏”，较以往尽快输入晶体液提高血压的方法更为复杂，早期复苏救治也已经从给予晶体液和压缩红细胞改变为给予等比的压缩红细胞、血浆和血小板。②多发伤和爆炸伤研究。多发伤是信息化战争的重要特征，近年来，美军的研究重点在于研发用于严重创伤后局部凝血以及防治内出血的药物和救治措施。爆炸性神经损伤预防的研究重点关注爆炸等引发的创伤性脑损伤的防护。③疼痛治疗研究。急性和慢性疼痛被视为美军伤员面临的首要问题，外军研究和关注的重点是新型止痛方法和措施的鉴定和识别，如新的靶标和疼痛通路的分子机理，以及战地疼痛和止痛对急慢性疼痛综合征、PTSD 发生率和精神病预后的影响，针灸在疼痛治疗中的应用受到美军的特别关注。④重症监护技术。美军认为，目前用于诊断和治疗的生命体征指标并不能准确评估损伤的严重性。因此美国陆军外科研究所重视在救治早期反映外伤真实性的个体化特异性指标的研究，运用人工智能技术获取高频和高分辨率的动态数据。⑤恢复性损伤修复。研究目标是完全恢复穿透伤、化学伤、烧伤、爆炸冲压伤和肌肉骨骼伤等造成的组织与器官损伤的功能。

（二）美军战时伤病救治药物现状

美军战伤救治药物的研发主要以华尔特里德陆军研究所、美国陆军卫生物资研发局（USAMMDA）以及美国陆军外科研究所为主，并与地方公司合作生产。

美军战伤救治药物中，首要以控制出血药物为主，现有壳聚糖出血控制绷带（如 HemCon）、瓷土纱布（如 Combat Gauze）、纤维蛋白原绷带和 NovoSeven 等系列产品，可以满足战时不同环境下不同程度和类型的出血控制需求。其次，美军战伤救治产品较多的是各类血液产品，范围从全血涉及到各类成分血制品。另外值得关注的是美军的喷雾绷带，可以控制出血也可防止感染，能够保护伤口 2 天以上。美军正在研制战时神经保护药 NNZ－2566，该药为甘—脯—谷氨酸类似物，能够改善急性脑损伤，用于战时脑部损伤。

二、核化生医学防护

（一）核化生医学防护新特点

核化生武器威胁仍将长期存在，并且随着形势的发展，呈现出不同特点。我国面临的核化生威胁形势更加复杂：周边国家和地区的核化生威胁日趋严峻；核化生恐怖活动威胁更加突出；核化生引发的突发公共卫生事件频现。随着生命科学和技术的快速发展，新型潜在的化生战剂受到各国关注，尤其以生物与化学交叉的“中间谱系战剂”为主，其制备和施放条件越加成熟和简易，给监管和防护研究带来新挑战。

从目前的研究方向看，各国对急性放射损伤的防诊治措施距应对核爆炸或大规模核恐怖袭击的要求还有一定距离。目前在临床上使用的部分放射损伤救治措施还难以达到战时大规模使用的要求。急性放射病的综合防诊治措施仍是各国放射医学防护研究的核心内容。美国国防部重点支持的放射病诊治研究领域包括：开发广谱的辐射防护药物、急性放射病和慢性放射损伤的治疗措施。

（二）核化生医学防护药物现状

1. 核武器防护药物

美军核武器防护药物研发主要由美军放射生物学研究所（AFRRI）负责，通过军方资助，参与研究的地方机构众多，充分发挥了地方机构的研究能力（表 1）。目前批准上市并列装的产品有 6 个，包括免疫调节剂四氯化氧水合物（WF－10）、普鲁士蓝胶囊（Radiogardase）、谷胱甘肽二硫化物（Glutoxim）、促排灵（Zn－DTPA 和 Ca－DTPA）、氧化谷胱甘肽和肌苷静脉注射剂（NOV－205）。

值得关注的是，上市药物中均没有明确的作用靶点，而当前在研的防原药物开始关注作用靶点。如5－羟色胺3受体拮抗剂格拉司琼进入Ⅲ期、CBLB－502等5个药物进入Ⅱ期临床等。但是从已知作用靶点类别来看，并未形成相对集中的作用靶点研究热点领域。

表1　美国研究开发的核防护药物

药物名称	现研机构	作用靶点	研究阶段
WF－10	Dimethaid		上市
Radiogardase	Heyltex		上市
Glutoxim	Cellectar		上市
pentetate zinc trisodium	Hameln		上市
pentetate calcium trisodium	Hameln		上市
NOV－205	Cellectar		上市
PLX stem cell therapy	Pluristem		Ⅲ期临床
granisetron	Aerial Bio Pharma LLC	5－HT 3 受体拮抗剂	Ⅲ期临床
romyelocel L	Cellerant		Ⅱ期临床
CASAD	Salient		Ⅱ期临床
EA－230	Exponential Biotherapies		Ⅱ期临床
TXA－127	Tarix	血管紧张素Ⅱ受体调节剂	Ⅱ期临床
rusalatide	Capstone Therapeutics Corp	IIa 因子调节剂	Ⅱ期临床
beclomethasone dipropionate	Soligenix Inc	肾上腺糖皮质激素激动剂	Ⅱ期临床
Entolimod（CBLB－502）	Cleveland BioLabs Inc	核因子 kappa B 激动剂；TLR－5 激动剂	Ⅱ期临床
SGX－94	Intrexon Corp	Sequestosome 1 抑制剂	Ⅱ期临床

（续）

药物名称	现研机构	作用靶点	研究阶段
BIO－300	Humanetics Corp		Ⅰ期临床
AEOL－10150	Aeolus		Ⅰ期临床
recilisib sodium（皮下）	Onconova	Abl 络氨酸激酶抑制剂；凋亡蛋白抑制剂	Ⅰ期临床
recilisib sodium（口服）	Onconova	Abl 络氨酸激酶抑制剂；凋亡蛋白抑制剂	Ⅰ期临床
solulin	PAION AG	Ⅱa 因子拮抗剂；血栓调节蛋白调节剂	Ⅰ期临床
HemaMax	Neumedicines	IL－12 激动剂	Ⅰ期临床

2. 化学武器防护药物

防化药物的研发单位主要是美国陆军防化医学研究所（USAMRICD）以及美国陆军卫生物资研发局（表 2）。美军防化药物研发主要针对神经性毒剂，目前已经研制出了多种神经毒剂的解毒剂用于军队，包括已经列装的吡啶斯的明、神经毒剂自动解毒针（Mark I NAAK、ATNAA、惊厥自动解毒针）、M291 皮肤净化试剂盒、雾化神经毒剂解毒剂，并且正在研发新型肟剂用于神经毒剂的紧急治疗，该药物有望取代目前军队装备的 ATNAA 神经毒剂自动解毒针，另外还在研发治疗发泡剂的药物。

值得关注的是，美军从 2004 年开始启动了生物清除剂（Bioscavenger）研究项目，该项目旨在利用新技术新方法研制新型的神经毒剂解毒剂，由美国陆军防化医学研究所主导，多家研究机构共同参与。该项目也是目前美军支持的防化医学研究最大的项目。另外，美军长期与自动注射针厂商“子午线公司”合作，使用的自动注射针主要由该公司提供，该公司正在研制冻干粉针剂的双室自动注射针，以解决有效期短的问题。

表2　美军研究开发的防化药物和产品

药品名称	适应症	完成时间	完成单位	备注
吡啶斯的明	神经毒剂（梭曼）预处理	2003	USAMRICD USAMMDA	与解毒剂结合使用
神经毒剂自动解毒针 Mark I NAAK ATNAA 惊厥自动解毒针	神经毒剂 神经毒剂 神经毒剂引起的惊厥	1983 2003 1991	USAMRICD USAMMDA	停用 ATNAA 更小巧、便宜
M291 皮肤净化试剂盒	洗消皮肤的化、生战剂	1990	USAMRICD USAMMDA	
雾化神经毒剂解毒剂	神经毒剂	1994	USAMRICD USAMMDA	
生物清除剂	神经毒剂	研发中	USAMRICD	目前美军重点品种
新型肟剂	神经毒剂中毒的紧急治疗	研发中	MITS JPMO USAMRICD	有望取代 ATNAA
糜烂性毒剂中毒治疗药品	治疗糜烂性毒剂（硫芥）引起的疾病	研发中	USAMRICD	

3. 生物武器防护药物

防生药物主要由美国陆军传染病医学研究所（USAMRIID）以及一些与军队保持密切关系的公司进行研发（表3）。美军防生的重点主要是炭疽杆菌、鼠疫杆菌、天花病毒、土拉菌、委内瑞拉马脑炎病毒、肉毒杆菌、蓖麻毒素、金黄色葡萄球菌肠毒素、马脑炎和丝状病毒。其他正在研发的还包括肉毒杆菌、蓖麻毒素、金黄色葡萄球菌肠毒素、马脑炎和丝状病毒的疫苗。

值得关注的是，美军对生物武器防护药物研究主要以防为主，产品也以疫苗产品为主，美国FDA已批准了一种炭疽疫苗、一种鼠疫疫苗和两种天花疫苗，目前还有10多种疫苗处于研发阶段，包括埃博拉病毒疫苗、马尔堡病毒疫苗、肉毒毒素疫苗、Q热疫苗、兔热病疫苗、委马脑炎疫苗、东马脑炎疫苗、西马脑炎疫苗和新鼠疫疫苗等。同时，抗体药物研发主要针对纤丝病毒感染治疗，但目前研究仍旧处于早期阶段。美军在海湾战争等多次现代战争和军事行动中，均对其军人进行提前的生物武器免疫接种，这受益于其长期坚持全面展开生物武器防护药物研发的战略。例如，美军对丝状病毒疫苗的研究，在2014年西非埃博拉疫情中，现在讨论的多个产品基本都是美国军方资助项目，在这一点上更是充分彰显美军生物武器防护药物部署的全球战略。

表3 美国研发的防生药物和疫苗

药品名称	适应症	完成时间	完成单位	备注
吸附炭疽疫苗（Biothrax）	预防炭疽	1970	Emergent Biosolutions	最新疫苗为2008年批准
环丙沙星吸入剂	治疗吸入性炭疽	研发中		
鼠疫疫苗	预防鼠疫	1997		
天花疫苗 ACAM2000 Dryvax	预防天花	2007 2002	Acambis、Wyeth	NIAID、PM JVAP、USAMRIID正在研发新疫苗
委内瑞拉马脑炎克隆疫苗	预防委内瑞拉马脑炎		PM JVAP USAMRIID	由于资金问题，2006年中止研究
新一代炭疽疫苗	预防炭疽	研发中	NIAID、USAMRIID	

（续）

药品名称	适应症	完成时间	完成单位	备注
新鼠疫疫苗	预防鼠疫	研发中	JVAP、USAMRIID	
重组多价肉毒杆菌（A和B）疫苗	预防肉毒杆菌毒素（A和B）	研发中	PM JVAP USAMRIID	
重组蓖麻毒素疫苗	预防蓖麻毒素感染	研发中	USAMRIID	
A、B金黄色葡萄球菌肠毒素多价疫苗	预防A、B金黄色葡萄球菌肠毒素感染	研发中	USAMRIID	
联合马脑炎疫苗	预防委内瑞拉、东部和西部马脑炎	研发中	USAMRIID	
丝状病毒疫苗	预防埃博拉和马尔堡丝状病毒	研发中	USAMRIID	
西多福韦	治疗天花	研发中	NIAID USAMRIID	

三、军队传染病防治研究

（一）军队传染病防治新特点

随着全球化、工业化进程加快，环境和气候改变，各种自然灾害、各种新发传染病和各类突发公共卫生事件不断发生，应对公共安全新挑战已经成为世界共同关心的重大课题，也是各国军队承担的重大战略任务。从SARS、H5N1禽流感、甲型H1N1流感、人感染H7N9禽流感、中东呼吸综合征（MERS）到西非国家暴发的埃博拉出血热疫情，都在考验着世界各国公共卫生应对能力，军队是应对力量的重要组成部分。

在具有重要军事意义的传染病防治研究方面，美军重点研究对全球部署具有重要影响的传染性疾病和烈性传染病。主要研究的具有重要军事意义的传染性疾病是疟疾、登革热和腹泻，此外，还关注皮肤利什曼病、恙虫病、腺病毒感染和出血性疾病。

（二）药物和疫苗研究开发现状

传染病防治药物主要由美国华尔特里德陆军研究所（WRAIR）和传染病医学研究所（USAMRIID）为主，一些与军队保持密切关系的公司积极参与研发。重要生物战剂类型传染病药物见前文。除了此类传染病，美军关注的重要军事意义的传染病是疟疾、腺病毒感染、登革热和腹泻等。美军目前列装的疫苗包括新型腺病毒疫苗、甲肝疫苗、乙肝疫苗、流感疫苗、脑膜炎双球菌疫苗、口服伤寒活疫苗和风疹疫苗等，在研的疫苗包括登革热疫苗、腹泻病疫苗（弯曲杆菌疫苗、大肠杆菌疫苗、痢疾疫苗）、戊肝疫苗、艾滋病毒疫苗、疟疾疫苗（重组疫苗、DNA 疫苗、恶性疟原虫腺病毒疫苗）、乙型脑膜炎球菌疫苗、恙虫病疫苗和肾综合征出血热疫苗等。

美军用于防治传染病的化学药物研发主要针对疟疾，包括7 个已经研发完成的药物和2 个正在研发的药物，另外美军正在研发治疗利什曼病的巴龙霉素。化学药物的研发主要以华尔特里德陆军研究所为主，另外，包括礼来、雅培、施贵宝、赛诺菲等地方的制药公司。另外，抗体药物的研究较少。

四、军事作业医学

（一）军事作业医学特点

军事作业能力的影响因素，包括外部因素（环境和装备）和内部因素

（代谢和精神神经）。美军军事作业医学研究规划分为心理应激与能力研究、环境医学与能力研究、系统危害研究三大领域，从装备、技术、勤务三个角度，针对军人在军事行动和训练环境中遇到的应激源与威胁，提供及时的、现实的生物医学解决方案，力求达到保护、维持和增强军人作业能力与健康的目的（表4）。

表4　美军研发的军事作业医学产品

药品名称	适应症	列装时间	完成单位
醋氮酰胺	急性高原反应	1994	WRAIR
西地那非	高原肺动脉高压	2005	WRAIR
咖啡因口香糖 Stay Alert Gum	短时间睡眠剥夺	1999	Wrigley WRAIR
莫达非尼（Provigil）	短时间睡眠剥夺	1999	WRAIR Cephalon
扎莱普隆（Sonata）	睡眠诱导	2011	WRAIR Wyeth
吡唑坦（Ambien）	睡眠诱导	2005	WRAIR Snofi
微波辐射防护药品 （ON 01210）	微波辐射防护	研发中	CDMRP AFRRI

（二）药物研究开发现状

维护特殊环境损伤预警与能力。美军从高原战备策略入手，通过制定减少高原疾病易感性的各项措施，维护快速部署到高原地区的军人作业能力。美军于1994年装备了用于防治急性高原反应的碳酸酐酶抑制剂醋氮酰胺，于2005年装备了用于治疗高原肺动脉高压、提高高原部队军事作业能力的磷酸二酯酶抑制剂西地那非。寒冷损伤防治药物研究方面，外军研制了营养强化制剂，如美军研制了高原能量棒和抗寒食品，但无相应药物装备部队。热损伤防治药物研究方面，国外的研究主要集中在对热损伤防治药物新靶标的探索上。在改善脱水与中暑方面，美军系统开展了极限环境中脱水研究，以解决水合作用相关的军事问题。

重视全面维护与提升作业能力。在抗疲劳方面，华尔特里德陆军研究所开展了疲劳干预措施和恢复模型研究，开发了能够预测0～48小时睡眠剥夺个人能力的工具，研究了睡眠剥夺个体差异性疲劳干预措施，以及兴奋剂剂量对睡眠剥夺期间能力维持的影响。战斗舱室人工环境医学研究方面，针对噪声损伤，美军研制了防治噪声损伤的营养助剂N－乙酰半胱氨酸，并已装备部队。在睡眠调节研究方面，外军已研制并列装咖啡因咀嚼胶和莫达非尼，对动作协调和思维意识无特殊影响，美军、英军在战争中已经多次应用促醒剂，对保障长时间连续作战发挥了重要作用，同时还研发列装了扎莱普隆和吡唑坦等睡眠诱导剂。另外，增强心理弹性的干预措施研究能够改善士兵执行任务能力和心理健康。士兵视觉功能预测模型研究将基于未来部队士兵及其所处环境的视觉、知觉和认知能力发展匹配人类视觉能力的高级显示系统。

五、未来趋势

生命科学已经成为自然科学中发展最快、影响最大的学科之一，是21世纪的科技制高点，以生物科技为代表的技术集群将影响军事领域的各个方面。一是生物科技锻造非对称优势，拓展战略威慑领域，随着人类基因组计划、蛋白质组计划、生物信息学、神经认知科学等突破，各种生物化武器装备，如脑控武器、意识干扰武器等，将逐步形成独立于陆、海、空、天、网、电传统领域，形成对现有作战平台的非对称优势；二是生物科技提供新技术引擎，突破武器物理极限，主动拒止武器、强声武器、脑控武器等已经发挥重要作用；三是生物科技打造“超级士兵”系统，突破生理心理极限，开拓人类生存、军队行动的物理空间；四是生物科技推动战争生物化，重塑战场形态，“动物部队”将走向战场，机器人军团将成为可能，生物能将成为新型军事能量，意识干预、脑控武器将成为新的作战空间，“制生权”“制脑权”等生物作战理论将产生。

军特药研究必须在具有战略意义的重大领域进行前瞻性布局，认知增强的技术和药物、人体效能增加技术和药物、极端特殊环境（极地、太空、深海）防护技术和药物都将是重要的研究领域。并且更要关注具有战略意义的重大基础研究，重点关注神经科学与脑机接口、合成生物学及各类组学研究、量子生物学、生物计算等相关研究，引领军事科技未来发展方向。

（军事医学科学院科技部项目处　高雪）
（军事医学科学院卫生勤务与医学情报研究所　高云华　刁天喜）

核与化学武器损伤医学防护研究进展

近年，核与化学武器损伤医学防护研究处于相对较为停滞的状态，但是在急性放射病治疗研究、促排药物研究、神经性毒剂机理与药物研究和化生融合研究方面，都取得一定的进展。

一、核武器损伤医学防护研究

在多年来的核武器裁军计划框架下，核武器的使用可能性下降。但是，鉴于核武器仍旧存在一定的威胁，同时一般辐射损伤也是近年的研究重点，因此世界各国，尤其是美国非常重视核武器与辐射损伤医学防护研究的研究与药物研发，并通过生物盾牌计划增加药物的国家储备，加强核与辐射应急反应力量建设，确定了核与辐射损伤医学研究发展战略与规划。

（一）加快防治药物研发

美国卫生与公共服务部生物医学高级研发局（BARDA）资助了多个核与辐射防护药物及产品的研发项目。目前，美国 FDA 尚未批准任何可用于治疗急性放射病（ARS）的药物，BARDA 希望研发用于治疗骨髓型、胃肠型、肺型、皮肤型 ARS 以及核爆炸所致烧伤等的药物，而且，这些药物除了可用于核与辐射防护外，还可治疗肿瘤放化疗的副作用。

Humanetics 公司开发的放射性肺损伤治疗药物 BIO 300 是一种金雀异黄酮（Genistein），因其抗氧化作用，一直被研究用作抗肿瘤药物。Humanetics 公司认为，虽然 BIO 300 在电离辐射暴露后服用仍然有效，但在受到致死剂量照射时可能无法发挥作用，因此建议作为预防性药物使用。

Neumedicines 公司的 HemaMax（重组人白介素 12，rhuIL－12），被证实可缓解辐射所致的骨髓损伤。

RxBio 公司的 Rx100 通过阻断辐射诱发的细胞凋亡，可以防止胃肠道损伤，先前研究发现 Rx100 在致死性全身照射后 72 小时内给药，可以降低损伤、提高存活率。

诺华公司（Novartis）开发的一种帕西瑞肽（Pasireotide）SOM230，用于治疗被称为库欣氏症（Cushing’s Disease）的激素病。初步数据表明，这种药物可能对胃肠型辐射损伤非常有用。

Araim 公司的 ARA290，暴露于高剂量电离辐射后 24 小时或更长时间内服用有可能提高整体存活率，ARA 290 具有抗炎和组织保护特性。

Cellerant 公司的 CLT －008 是一种髓系祖细胞，可治疗高剂量电离辐射引起的嗜中性白细胞减少症。临床前研究表明，在应用于治疗急性放射病（ARS）时，单一剂量即可有效治疗紧急情况下的 ARS，甚至在暴露后 5 天给药也有一定效果。

Nanotherapeutics 公司研发可以口服治疗钚、镅、锔等放射形核素暴露的 DTPA（Diethylenetriamine Pentaacetate）的改进剂型 NanoDTPA。DTPA 是一种螯合剂，可以与放射活性分子结合并促使其从体内排出，用于治疗放射性粒子被人体吸入、摄入或从伤口进入而导致的疾病。

KeraNetics 公司开发的 KeraStat 烧伤凝胶，可用于治疗大剂量辐射或严重烧伤所致皮肤损伤。目前，美国食品药品管理局（FDA）尚未批准任何用于治疗辐射皮肤损伤的产品。

Stratatech 公司开发的新产品 StrataGraft 可以为严重辐射烧伤创面提供更有效的覆盖。StrataGraft 已经完成对烧伤患者的Ⅰ期和Ⅱ期临床试验。

BCN Biosciences 公司研发的新型辐射防护药物 Yel002，可在人体细胞辐射暴露后保护 DNA 免受损害，有望开发出有效治疗急性辐射暴露所致胃肠道细胞损伤的药物。

（二）核与辐射损伤防治药品的采购储备

2013 年 9 月 26 日，美国卫生与公共服务部宣布，根据生物盾牌（Bio-Shield）计划，增加急性放射病治疗用白细胞生长因子的国家储备。生物盾牌计划由生物高级研发局管理，进行化生放核威胁医学防治产品（药物、疫苗、诊断剂和医疗设备）的高级开发和采购。

白细胞生长因子已通过美国 FDA 批准，用于癌症化疗病人以加速白细胞恢复并减少感染风险。急性放射损伤人体骨髓、胃肠道、肺等器官，可以引起白细胞减少、中性粒细胞水平异常低下。目前美国 FDA 尚未批准药物或产品用于急性放射病治疗，但美国 FDA 可在发生放射性或核袭击后，紧急授权使用白细胞生长因子。根据合同，美国卫生与公共服务部将采购的白细胞生长因子包括赛诺菲—安万特公司总额 3650 万美元的 Leukine，以及安进公司 1. 575 亿美元的 Neupogen（优保津）。采购的白细胞生长因子将由生产企业负责储备，需要时才转交美国政府，公司还负责库存产品更新以防过期。

（三）加强核与辐射应急反应力量建设

1993 年世界贸易中心发生第一次爆炸案以来，美国国防部迅速开始组建陆军国民警卫队大规模杀伤性武器民事支援队（Weapons of Mass Destruction Civil Support Teams，WMD－CST）。该支援队由22人组成，部署在各州和领地，可在3小时内迅速响应化生放核（CBRN）事件，评估CBRN事件后果，并建议民事部门采取适当的应对措施。到了20世纪90年代末，美国国防部又设立了两个新的响应机构：化生放核增强快速反应部队（Chemical，Biological，Radiological and Nuclear Enhanced Response Force Packages，CERFP）和民事支援联合特遣部队（Joint Task Force － Civil Support，JTF－CS）。

2010年，美国国防部成立国土响应部队（Homeland Response Forces，HRF）。目前在美国内的10个联邦紧急事务管理署（FEMA）辖区都配备有1支HRF。每支HRF由约566名陆军国民警卫队员组成，可以执行CERFP的所有职能，此外具备安保、指挥和控制能力，HRF可在12小时内响应CBRN事件。

国防部还建立了2个独立的CBRN响应指挥控制单位（Command and Control CBRN Response Elements ，C2CRE），每个C2CRE由约1500人组成，随时准备提供救生能力，加强现有行动或提供支援，人员来自各军种的现役、预备役和国民警卫队。

综上所述，目前美国国防部系统执行化生放核响应任务的有大约18000名军人，分属57支CST、17支CERFP、10支HRF、2支C2CRE，以及DCRF，随时准备应对国内CBRN事件。这些机构构成了美国国防部的CBRN应急反应力量。

（四）确定核与辐射损伤医学防护研究的发展战略与规划

2012年6月，美国国立卫生研究院（NIH）发布《辐射与核威胁医学对策战略规划与研究议程，2005—2011进展报告及2012—2016未来研究方向》，报告介绍了四个重点研究方向取得的进展，并提出了继续开展研究或继续调整的意见建议。四个重点研究方向分别是：基础与转化研究；辐射生物剂量测定；辐射医学对策产品开发；研发基础设施建设。

（1）基础与转化研究。目的是提高对辐射损伤机制的了解，加速医学对策的发现、开发、测试和获批，有效预防与治疗辐射损伤。其研究范围包括：①辐射损伤的系统、器官、细胞、分子机制，重点是造血系统、胃肠道系统、免疫系统、生殖系统、神经系统以及肺、肾、皮肤等器官。②调节、加剧或减轻辐射损伤的二次反应机理。③确定能够降低辐射短期和长期效应的方法。

（2）辐射生物剂量测定。目的是开发生物剂量测定方法与技术，确定和量化个人辐射照射水平，评估辐射损伤类型，重点是开发大规模人群的快速剂量评估技术方法。

（3）辐射医学对策产品开发。美国国家战略储备（Strategic National Stockpile）中现有的辐射防护与治疗药物数量十分有限，通过 FDA 审批并纳入国家战略储备的辐射防护产品多是螯合剂或阻断剂，包括普鲁士蓝、DTPA、锌 DTPA 和碘化钾液体制剂。此外，目前只有三类有前途的候选化合物可能开发成功，分别是：①辐射防护剂，如通过清除辐射诱发的自由基等活性物质预防辐射损伤的化合物；②辐射缓解剂，可以减少辐射损伤可能导致的严重后果；③辐射治疗药物，在出现明显症状后给予，以减少辐射的病理生理效应，促进组织恢复或修复等。目前，美国尚没有任何治疗或缓解急性放射病（ARS）的药物获批，阿米福汀（Amifostine）辐射防护效果显著，但辐射暴露后服用阿米福汀的效果却十分有限，而且具有明显毒性，不适合应急救援人员使用。

（4）研发基础设施建设。具体目标包括建设大型动物受照设施、动物繁育设施等。

（五）核与辐射损伤医学防护研究未来发展趋势

1. 加强低剂量辐射健康效应研究

军队放射医学研究机构过去主要关注战场核武器效应和幸存军事人员的生存状况，研究重点主要集中在高剂量辐射暴露相关问题，但对低剂量辐射健康效应和风险评估关注较少。目前对低剂量（低于100毫戈瑞）和低剂量率下人类的生物效应缺乏详细了解，辐射防护标准和暴露极限需要进行风险评估，低剂量辐射下的相对生物学效应和随着剂量减少相对生物学效应如何变化等相关知识需要进一步研究。在剂量率效应研究方面，需要进一步研究证实在高线性能量转移情况下，随着剂量率的减少患癌症的风险降低。

2. 推动核与辐射突发事件应急医学准备与响应规范化标准化

未来放射医学研究机构应推动促进核与辐射突发事件应急医学准备与响应过程中组织指挥、控制，应急预案制定，教育培训，辐射检测和分析与污染控制，材料采购，内外部放射剂量测定，计算机推算模型构建，以及样品采集和分析方法等有关程序的规范化、标准化。

3. 统一核与辐射防护仪器的开发和管理

目前各单位研发的辐射检测设备性能、技术指标不同，导致处理同一突发事件时使用不同设备对辐射现场进行检测和测量，各单位间军事应急响应培训和设备现场维护的缺乏协调性，特别是在美军执行2011年福岛核电站事故救援任务中尤为突出，包括医学防护指导混乱、延迟并相互矛盾和冲突等。未来应统一放射与辐射突发事件环境下联合行动的专用辐射剂量测定器、公用剂量单位及报告标准等。

二、化学武器医学防护研究进展

化学武器威胁仍将长期存在，并且随着形势的发展，呈现出不同特点。全球的化学威胁形势更加复杂：一些国家和地区的化学威胁日趋严峻；化学恐怖活动威胁更加突出；化学引发的突发公共卫生事件频现。因此，防化医学研究依旧是一个长期而艰巨的任务。

（一）防化医学研究进展

防化医学的主要任务是在化学战条件下，应用医学手段，开展侦毒、检毒、消毒、防护、急救和治疗等医疗卫生工作，最大限度地避免或减轻化学武器对部队及人民群众造成的伤害，有效保障部队在化学战条件下的作战能力及人民群众健康。化学毒剂主要包括神经性毒剂、糜烂性毒剂、失能性毒剂、刺激性毒剂、窒息性毒剂和全身中毒性毒剂等。其中，神经性毒剂为主要研究对象，近年糜烂性毒剂和失能性毒剂研究开始增多。另外随着生命科学和技术的快速发展，新型潜在的化生战剂受到各国关注。尤其以生物与化学交叉的“中间谱系战剂”为主，其制备和施放条件越加成熟和简易，给监管和防护研究带来新挑战。近年防化医学的主要研究进展如下。

1. 神经性毒剂自动注射针

自动注射器是神经性毒剂医学防护的重要工具，通过自动注射针将解毒药物注射到人体从而达到迅速缓解症状、降解毒性的目的。“子午线公司”是美国军方的自动注射针研发和生产合作商，其多种产品已经列装。近年，主要的研究成果包括：DuoDote 正式上市；开发了咪达唑仑自动注射针；地西泮自动注射针用于难治性癫痫抗惊厥进入Ⅲ期临床试验末期；三种自动注射针治疗梭曼中毒后惊厥效果比较。

2. 胆碱酯酶研究进展

美军的重组人丁酰胆碱酯酶产品研发项目由 PharmAthene 公司承担，目前在研的 Protexia 产品原研厂家为加拿大 Nexia 生物技术公司，后被 PharmAthene 公司收购。Protexia 为 PEG 化重组人丁酰胆碱酯酶，主要进行沙林、梭曼、塔崩和 VX 等神经性毒剂中毒治疗研发。2008 年开始 33 例 I 期临床试验，2009 年 12 月公布试验结果，药物安全性和耐受性良好，无明显不良反应，常见不良反应是注射部位反应。此前发现该药可能用于老年痴呆症治疗，但没有新的研究进展。该公司同时在进行非 PEG 化 Protexia 的研发。Carter MD 等将人血清丁酰胆碱酯酶进行免疫磁性初步分离后处理，再用超高效液相色谱分离，采用质谱法进行对其有机磷甲基加合物进行检测分析，实现对人血清丁酰胆碱酯酶的直接定量分析，另有 Abney CW 等研究一种新双模免疫磁性法用于丁酰胆碱酯酶的相关研究。

3. 新型肟剂等领域进展

新型肟剂方面，Okolotowicz KJ 等对脒肟重活化剂进行了临床前研究，表明其动物试验能够很好的穿透血脑屏障发挥作用，另有 Chambers JE 等研究了苯氧基甲基吡啶肟重活化剂，也发现其具有很好的血脑屏障穿透性，这将可能大大提高重活化剂的血脑屏障穿透作用。

（二）美军防化医学研究计划

1. 美军医学研究物资部招标指南

美军医学研究物资部 2014 年招标指南第六部分为防化医学研究项目，主要研究化学战剂的保护、预防和预处理，提供有用的个人防护产品，研发解毒剂和治疗产品，制定化学战伤病员救护规程和推进伤病员管理，进而保护并维持美军人员面对化学战威胁的战斗能力。基础和应用研究都将给予支持，主要相关研究问题包括：探索化学战剂暴露时人体在神经科学、呼吸系统科学、眼科学和皮肤病理学等相关作用位点、机制和作用；研究医学措施的位点和生物化学机制；研发化学战剂医学防护措施的新分子生物学和生物技术学方法；研发药物发现与设计的分子模型和定量构效关系。

2. 美军防化医学研究

按《美军陆军医学研究物资部产品手册》中列出了美军列装的的神经性毒剂防护产品目录，美军主要包括：化学战剂皮肤中毒减毒膏（SERPACWA）；梭曼预处理片剂——吡斯的明；神经性毒剂自动注射针（ATNAA）；神经性毒剂惊厥解毒针（CANA）；M291 皮肤消毒包；神经性毒剂雾化解毒装置；乙酰胆碱酶偶联测试盒；高级神经性毒剂抗惊厥药物系统（AAS）。防化药物的研发单位主要是美国陆军化学防护医学研究所（USAMRICD）以及美国陆军医疗物质研发局。美军防化药物研发主要针对神经性毒剂，目前已经研制出了多种神经毒剂的解毒剂用于军队，包括已经列装的吡啶斯的明、神经毒剂自动解毒针（Mark I NAAK、ATNAA、惊厥自动解毒针）、M291 皮肤净化试剂盒、雾化神经毒剂解毒剂，并且正在研发新型肟剂用于神经毒剂的紧急治疗，该药物有望取代目前军队装备的 ATNAA 神经毒剂自动解毒针，另外还在研发治疗发泡剂的药物。

值得关注的是，美军从 2004 年开始启动了生物清除剂（Bioscavenger）研究项目，该项目旨在利用新技术新方法研制新型的神经毒剂解毒剂，由美国陆军防化医学研究所主导，多家研究机构共同参与。该项目也是目前美军支持的防化医学研究中最大的项目。另外，美军长期与自动注射针厂商“子午线公司”合作，使用的自动注射针主要由该公司提供，该公司正在研制冻干粉针剂的双室自动注射针，以解决有效期短的问题。

（三）生化融合研究进展

如今越来越多的化学品通过生物技术进行生产，例如微生物发酵和生物酶技术作为催化剂等。估计到 2020 年约有 10% 的化学品生产将采用这些技术。这种趋势将随着商业和环境因素越加明显，并与传统原材料形成激烈地竞争。相关的关键技术已经形成一种迅速拓展的、针对特定目的的重设计或制造生物体的能力，同时形成一种改进酶特性的设计和生产能力。

尽管存在诸多关于生物技术用于新毒性化学品、生物调节剂和毒素生产的忧虑，临时工作组还是进行了有限的生物技术应用生产常规化学品的评估。新的生物技术将占据更多的资本、资源和时间投入；诸多考量将减少使用这些方法应用与大规模化学品生产的可能性，但是，生物工艺可能对微克或更低成人致死剂量的毒素武器化数量生产产生利好。显而易见地就是对重组 DNA 技术的早期关注。2015 年初《公约》组织临时工作组向总干事提交 19 条相关建议。

（四）防化医学研究趋势

近年，国外防化医学在经典化学战剂研究的基础上，呈现出一些新的研究趋势，概要归纳了四个方面如下。

1. 经典有机磷毒剂仍为防化医学研究的重点

在过去几十年里，经典有机磷毒剂作为主要化学战剂一直具备重要的战略意义，各次化学武器危机均与有机磷毒剂密切相关。可以预见，在今后很长一段时间内，有机磷毒剂仍然是防化医学研究的重中之重。美军近年的“化生防护计划”（CBDP）中，资助的防化医学研究领域主要集中在有机磷神经性毒剂解毒剂方面，包括咪唑达仑、新型肟剂和生物清除剂等等项目。

2. 失能剂研究引起广泛重视

各方均认为失能剂作为一种有毒化学品应禁止用于战争，呼吁对公约规定的“执法”范围予以澄清。美国称目前不研制、储存失能剂，显示失能剂问题并非迫在眉睫，但亦不容忽视，建议通过建立信任措施，由各国自愿宣布研制装备失能剂情况。俄罗斯强调各国政府在国内执法中有权使用失能剂。英国认为应对失能剂的数量、投放方式进行限制，以确保其只能用于执法目的，并建议发挥非政府组织宣传作用，提高公众和政府对失能剂风险的认识。另一方面，失能剂的非军事用途，即在平息人群暴乱和解救人质等方面的卓越表现已经得到公认，俄罗斯人质事件使用的芬太尼衍生物即属于该类。

3. 新型毒剂防护不可忽视

目前研发的多种新型毒剂对于诸多国家的防化医学都是盲区，尤其在这些毒剂的人体毒性研究方面，主要涉及毒性较强的神经性毒剂，如 G 类毒剂 EA4352、V 类多种毒剂、GV 类多种毒剂等。同时，还有其他类别的新型毒剂需要持续关注。新型毒剂的研发主要有两个可能的方式：一种是对已知的毒剂进行简单的改造修饰，提高其毒性或者治疗难度；另一种是创新性的研发新型毒剂、二元毒剂等。不管是哪一种方式，最终结果都会产生新型毒剂，在现有毒剂防护已经捉襟见肘的情况下，新型毒剂势必带来更加严峻的考验。

4. 中间谱系战剂掀起“生化融合”

生物学和化学融合及其对生物和化武公约影响已经成为国际裁军领域的一个热点问题，并引起两个公约组织和西方国家的高度关注和重视。生化融合主要关注两公约中间谱系战剂的研究及其影响。2011 年 11 月，化武公约组织成立了“生物学和化学融合”临时工作组，进一步拓展了“生物学和化学融合”一个新的管理和研究领域。近年来，各种新的生物和化学技术的应用，使得中间谱系战剂的不断增加打破了原有的化学战剂和生物战剂的传统分类，使得《禁止化学武器公约》和《禁止生物武器公约》之间的交叉覆盖范围不断拓宽。未来随着生物学与化学进一步加深相互间的融合，作为中间谱系战剂的新毒剂和新毒素必将继续不断涌现，其潜在的军事用途和现实威胁必将受到国际社会的极大关注，同时给两公约的国际军控提出了新的难题。

（军事医学科学院放射与辐射医学研究所　田瑛）
（军事医学科学院毒物药物研究所　高静）
（军事医学科学院卫生勤务与医学情报研究所　高云华）

美国陆军提出“全维能力”作战概念提高军事效能

2014 年 5 月 21 日，美国陆军训练和条令司令部发布“全维能力”作战概念，所谓全维能力（Human Dimension），即在统一军事行动中关于军人、军队文职人员和军队领导者效能和军队组织机构发展的认知、体能和社会能力要素。2015 年，美国陆军制定全维能力战略规划和计划，旨在优化集成军队人员的军事效能，打造更有凝聚力、战斗力的作战团队。2016 年 DARPA 围绕“全维能力”概念，开展了“靶向神经可塑性训练”（TNT）、“可解释的人工智能”（XAI）、“神经工程系统设计”（NESD）等项目，旨在提高人大脑的学习能力、认知能力和识别能力。

一、美军提出该作战概念以应对不断变革的军事环境

美军认为，未来国际环境瞬息多变，战争不确定性明显增强，军队必须积极创新加强人在未来战争中的能力。通过投资人力资源，提出并实施全维能力概念：在认知能力方面，提高效能和决策水平；在体能方面，加强整体身心健康、损伤预防和全身健康；在社会能力方面，加强沟通能力、

情感理解能力、尊重文化差异等。

（一）美国面临复杂国际形势的迫切需求

当今，美国面临多种安全威胁，战略不确定性明显增加，日益升温的网络安全威胁，不断变化的自然环境条件，各种传染性疾病的爆发，甚至俄罗斯的潜在威胁，都引起美国对全球安全的深思和忧虑。奥巴马在2015年国家安全战略讲话中强调，暴力极端主义和恐怖分子威胁已经成为美国及其盟国面临的持久威胁。面对这种复杂的国际形势和作战环境，在精确打击效用有限的情况下，美国必须依靠陆军力量处理复杂的人类冲突，对军队人员在认知、体能和社会交往方面的要求越来越高，对部队决策者在面临大量信息和多重困境压力下的决策能力也提出了更高的要求。

（二）美军面临预算与人力资源不足的现实需求

美国目前面临国内经济不振和人力资源不足问题，给军队发展带来重要挑战，预算降低，员额削减。75%的美国青年人（17～24岁之间）由于肥胖或文化程度低不符合服役标准，甚至缺乏正确的价值观。同时，科技的进步，武器装备的发展，在提高敌我作战能力的同时，对作业人员认知能力、生理负担提出了更高的要求，也要求战术集体能够更快、更有效地形成合力。虽然过去几年里，美军在解决人力资源不足方面，实施和开展了多项计划和行动，但这些计划和行动往往脱节、独立、临时安排或资金不足。面对财政现实和未来各种挑战，美军需要在该领域有一个整体的、统一的规划和方向。陆军也需要重新调整科技发展顺序，更加关注人效能的提升，重点在医学、心理学、经济学、社会学、人类学、政治科学等领域加大投入。

（三）实现美军2025发展愿景的战略需求

2013年1月，美国陆军、海军陆战队、美军特种作战部队司令部联合提出战略地面力量概念。2013 年 5 月，美军白皮书阐述战略地面力量包括三个方面的能力：一是保持地面部队的能力，防止和遏制冲突；二是及时总结过去的战略战术经验教训；三是增强作业人员身心素质，具有更好的社会活动能力。2014 年，美陆军出台“2025 战略计划”，其目标是将美战略地面力量塑造成为“更轻型、更精干、更机动”的远征部队。为实现这一愿景计划，美军认为需要集中两方面的发展，一是优化每名军人和文职人员的效能；二是打造有凝聚力和值得信任的团队。过去军队人员接受的是本领域战术和技术能力培训，虽然这些能力依然重要，但在未来不确定性环境下，还需要军人和文职人员不仅要适应纷杂的社会和安全环境，还需要坚持最高纪律标准，遵守道德和纪律程序，具有较强的作战认知能力，妥善处理文化差异带来的各种矛盾。这就要求，美国陆军系统必须在战略环境下，快速适应，抓住机遇，勇于创新，开放性接纳草根创新和外部建议，有效实施和开展全维能力相关计划和项目。

二、作战概念强调认知、体能和社会三大要素的统一

2012 年 6 月，美国陆军训练和条令司令部首次提到全维能力概念。2014 年 5 月，美国陆军训练和条令司令部重新设定了全维能力参数，包括所有军人、文职人员和领导相关的认知能力、体能状况和社会组织能力。美军认为，为了解决军事问题，实现 2025 全面愿景，必须瞄准军队人员全维能力产出成果。包括优化工作表现、优化整体身心健康和形成正确的军队价值观，目的是使军队人员能够在遵循伦理和拥有正确军队价值观的情况下有效而高效地应对未来作业环境挑战。这些产出成果是军队实现愿景的关键，下一步在制定和实施全维能力项目和计划时，需要有相应的管理

机构和科学的资源分配评估与集成方案。

（一）认知要素

认知要素指的是与行为有关的心理活动，包括知觉、记忆、判断和推理能力等。美军将建立一种以学员为中心的学习模式和自适应学习方法，通过不同的培训和教育手段，确保人员达到数学、阅读、写作最低基线水平，掌握自动化和信息技术。在学习模式上重点关注五个方面，一是注重学习氛围和学习文化；二是寻求科学途径实现快速学习；三是加强和加速批判性和创造性思维发展；四是鼓励、利用和发展个人技术能力；五是支持领导者建立有凝聚力的团队。在开展学习之前，美军首先要评估个人和团队的认知基础，制定个性化培训计划、发展和评估方案。同时在学习过程中不断评估，随时调整个人和单位的学习内容与学习模式。

（二）体能要素

体能要素包括健康素质（医疗准备、营养健康、体重管理和睡眠）和体能健康，强调影响效能的整个人体、社会、道德、认知和家庭（家庭生活）方方面面，是对抗环境和精神压力，提升认知能力的关键因素。这是一个复杂的多维关系，包括认知和社会福祉元素、健康促进和保护、营养健康、体重控制、睡眠、休息、恢复能力，以及不同环境条件下的适应性和保护能力。美军陆军已于 2013 年提出“三大效能”计划鼓励通过运动、营养和睡眠来改善健康行为提高效能。下一步，美军将把整体身心健康发展作为军队整体发展规划的一部分，将身心健康作为认证职业胜任能力的标准，打造军队职业文化，推动促进军队全面健康生活方式，降低部队伤病发生率，提高部署后快速恢复和重新整合能力。

（三）社会要素

社会要素是指军队人员的社会适应性，是与他人在信仰、行为和人际交往方面的相互影响，以及有价值的社会关系。社会适应性与情感、精神、家庭健康和体能健康一道组成个人综合健康的五个方面。美军认为，诚实、可信、富有团队精神是军队职业发展必不可少的要素，也是军队履行义务的基本素质，军队必须持续培养提高人员的道德品质和奉献精神，建立人员之间必要的信任和有效互动。军队训练和教育机构需要有意识地、常态化评估人员行为和依从性，确保军队人员能够理解政治、军事、经济、社会、信息基础设施、物理环境和时间的变数，理解和应对因作业地区改变而带来的身体方方面面的改变。

三、制定发展战略规划与计划，切实推进作战概念的落实

2015 年，美国陆军提出全维能力战略规划和计划，面向个人、团队和机构提出了三个战略目标。一是军队有能力提高个人效能；二是军队通过复杂环境训练打造更有凝聚力的团队；三是军队机构能够快速适应 2025 战略环境，抓住机遇，开展创新。

（一）实现路径

为实现战略目标，美军为军队领导人员、普通军人和文职人员的培养和发展提出了三条对应的实现路径。一是打造认知优势，通过培训、教育和实践优化认知能力。包括五个子目标：制定创新学习计划，优化个人知识体系和结构；提高社会智能，塑造适应多样化文化差异的和谐团队；制定个性化和整体计划，增强效能和心理恢复能力；制定个人和集体学习计划，提高决策能力和道德行为素质；制定系统的能力研究和评估方案。二

是实境训练，通过模拟现实环境训练，打造有凝聚力的团队。包括四个子目标：制定创新培训管理方案，快速提高训练技能；加强团队建设，实现多样化人群融入；开展复杂实境训练，实现团队整体增效；制定系统的团队绩效研究和评估方案，提高团队能力。三是制度灵活性，通过完善机构制度，实现制度快速创新。包括四个子目标：加强个体管理；加强严谨的学术教育，授权资格审查和认证；制定和实施制度化管理项目；开展机构绩效研究和评估。

（二）组织落实

有效落实美国陆军全维能力战略规划需要正规、有效的组织机构。美军设立了三个新的组织机构，陆军全维能力指导委员会、陆军全维能力发展组织和陆军全维能力项目办公室。这三个新的组织机构与现有的陆军机构并行，指导和落实全维能力相关项目和计划。

负责人力和后备事务的陆军部副部长与美国陆军训练与条令司令部司令将作为陆军全维能力指导委员会联席主席。委员会为全维能力工作做战略指导，推动和支持全维能力计划和项目落实。陆军全维能力发展组织，是陆军训练与条令司令部在作战指挥评估卓越中心建立的一个长期的能力发展组织机构。该机构负责编目现有的全维能力相关成果，总结现有研究，找出差距，提出新的计划方案，与指导委员会一道团结军队和军队以外的组织，为全维能力战略保驾护航。而陆军全维能力项目办公室，由负责采办、后勤和技术的陆军部副部长牵头负责，在陆军全维能力指导委员会指导下，负责计划和具体项目的协调落实。

（三）发展路线图

为实现人的能力维度愿景，美军给出了战略发展路线图，详细介绍了陆军全维能力重点发展任务。

1. 认知增强方面

陆军作战指挥评估卓越中心（MCCOE）负责认知增强相关工作的计划与协调。包括14项关键任务：利用最新技术和研究成果进行评估、训练和教育，提高未来领导人员领导能力发展；通过教育多样性和个性化学习计划，培养未来领导人员的知识结构多样性；利用先进技术手段实现教育现代化，创新学习方案；提高批判性和创造性思维能力，减少认知偏见，加深对作业环境的理解；发放培训手册，帮助军队人员适应数字化社会；通过开展个人能力评估研究，公正地评估领导能力和个人行为；在各层级教育和训练过程中灌输职业道德，为整个部队提供坚实的道德基础；提高军队文化认知，减少文化冲击，避免麻木不仁，与各色人等建立良好的社会关系；强调外语沟通能力，培养和发展外语人才；强调复杂作业环境理解能力；是利用卫生保健、运动医学、营养和健身领域最新技术和成果，增强军队人员运动能力；提高个人应急作战能力；通过开展相关项目研究，增强人员工作记忆、语言理解、计算、推理、解决问题和决策制定等方面的能力；对人员知识、技能、特质以及胜任能力进行系统评估。

2. 实境训练方面

美国陆军联合兵种中心培训部负责协调和开展实境训练方面相关计划和工作，主要集中在利用创新过程和技术手段来提高作业人员的学习、判断、记忆、推理、感知和创造性思维等方面的能力，帮助团队制定科学的评估训练方法，为美军探索出一条成本低、适应性强、有效高效的训练路子。包括16项关键任务：创新和提高训练管理能力，加速对个人和团队的教育和培养；开展机动训练，支持远程和分散式训练；提高原驻地训练能力来模拟确定性的复杂作业环境；开展关键技术研究，支持训练所需要的人工合成环境、世界地形模拟、人工智能和大数据等；改进战斗训练中心功能，使其能够模拟未来复杂作战环境，提高团队统一行动能力；开发教育和训练教材和成果来定义和不断更新涉及提高人员效能的知识、技能和特性等；开发新的训练评价和评估方法，提高训练有效性和效率；将整合现有训练环境，创建身临其境的完整训练环境；加强信息基础建设，信息化管理训练和教育信息和内容；建立无线信息基础设施，开发移动设备学习程序，使人员能够利用移动设备进行学习；开设分布式网络课程，供在线教育和培训；制定自适应学习策略；开发综合训练环境，将虚拟技术、推定技术和游戏技术融合在这一综合训练环境中；利用电脑合成技术，增强实境训练现实感；开发训练仪表系统，集成军队联合任务指挥系统为联合复杂任务提供多梯次训练；加强团队认知和神经科学领域相关知识和技术的学习。

3. 制度灵活性方面

美国陆军联合兵种中心教育部门负责协调内部机构，使其制度更加灵活，适应新的需求。包括10项关键任务：通过领导人员发展项目，培养灵活、应变能力强，具有创新意识的军队专业人员；组织陆军教育机构开展大学教育，开设专业军事教育项目，提高教育机构的灵活性，增强学术严谨性；提高组织机构的政务效率和实践能力；制定2025人才管理战略，制定适用于军队人力资源管理的核心原则；研究和制定人才需求和战略，招募人才；建立以人才评估为基础的就业和职业渠道，确保个人才能满足军队需求；实行军队职业和道德制度化，保持国家对军队的信任；为军队教育和培训制定地方承认的资格审查、认证和授权相关权利和规定，为人员能力提供客观证据，获得更多就业机会；开展更多学术界和产业界开放性合作，加快军队制度创新；开展军队家庭计划，根据不同需求，提高军队人员的生活质量。

四、启示与建议

2015 年 2 月，美国国防大学撰文《2030 年人类在战争中的地位与作用》，通过战争历史经验和未来战争发展规律，强调提高作业人员效能远比提高武器装备技术的效果要更好，人类在未来战争中仍将占据主导地位。美军已经开始认识到人类本身在未来战争中不可替代的作用和地位。

（一）从战略层面重视人的效能

美军全维能力概念是由陆军训练和条令司令部发布的作战概念，并列入“2025 战略计划”，旨在将“人的效能”提高到战略层面，打造更有战斗力的作战团队。在顶层设计上提出战略规划和发展路线图，在体制机制上，设立陆军全维能力指导委员会、陆军全维能力发展组织、陆军全维能力项目办公室，指导和落实全维能力相关项目和计划。

我军新的体制机制改革，提出以提高“效能”为核心，已经从战略层面上开始重视和强调人力资源和人的效能，下一步需要制定相关战略规划，在体制机制和具体政策法规上落到实处。

（二）重视领导人员和文职人员的培养发展

美军认为有能力、有道德的领导是先进技术和尖端武器无法代替的，领导人员发展涉及决策人员的品性，对于塑造有凝聚力、有效、高效的组织机构是至关重要的，美军“2025 战略计划”更是将军队领导人员发展作为短期发展任务。2013 年 7 月，美国陆军训练和条令司令部将全维能力作战概念扩展到军队文职人员，因为目前文职队伍占到整个美国陆军总体人数的23%，共计约300000文职人员供职于美国国土和国外500多种工作岗位上。

我军在关注人的效能发展方面，也需要特别强调领导能力的培养和发展，同时，打破传统军人与文职人员分别培养和发展的模式，将军队领导人员、军人、文职人员和各自组织机构拧成一股绳，切实提高整个团队的军事效能。

（三）强调将人的效能统一起来

美军关注人员整个职业生涯能力发展，强调影响效能的人体、社会、道德、认知和家庭（家庭生活）方方面面，目的是使军队人员能够在遵循伦理和拥有正确军队价值观的情况下有效而高效地应对未来作业环境挑战。这些方面是相辅相成的，例如，在提高人员身心健康的同时，必须要考虑工作特殊性对身体的要求；在没有正确的军队价值观下，是无法改善社会和人际交往能力的。

这种提法与习主席提出的“听党指挥、能打胜仗、作风优良”的强军目标是一致的，我军在制定和实施相关计划时，也需要打破政治部门、行政和科训部门的界限，将涉及人员认知能力、体能和社会能力的方方面面统一起来，协调发展。

（四）强调加强科学研究推进计划落实

为实现全维能力战略目标，美军提出的三条实现路径，都强调针对个人能力、团队和组织机构建设，开展系统的科学研究和制定科学的能力评估方案，来制定和创新个人培养计划、进行制度创新。通过科学研究的手段和科学有效的研究结果来指导军队人员、团队和机构整体能力的发展。

科学研究是运用科学的理论和方法，探索和揭示研究对象的发展规律，使人们按照规律办事，从而促进研究对象的发展。我军也需要把人员、团队和机构作为科研对象进行研究，发现其发展规律，根据规律制定发展路线，提出发展目标和落实计划。

（军事医学科学院卫生勤务与医学情报研究所
李长芹　楼铁柱　刁天喜）

仿生水凝胶材料重要进展及应用前景

自然界中，蚌和藤壶可以将自己牢牢地粘在悬崖、船体甚至鲸的皮肤上。同样，肌腱和软骨牢牢地粘附在骨头上面才使得生物足够地灵活、敏捷。这些自然界中事例里黏结剂就是水凝胶——水和黏性材料的混合物，可以提供持久牢靠的连接。

水凝胶一般由含水的三维聚合物网络构成，其软湿特性与生物组织有相似之处，在组织修复与替代、仿生器件、仿生智能材料等领域具有重要的应用前景。传统的聚合物水凝胶结构单一，缺少能量耗散机制，强度和韧性较低，限制了其实际应用和功能开发。深入研究水凝胶的结构与力学性能的关系，通过分子和结构设计，制备高强韧水凝胶，实现其机械性能的可控调节，是发展功能水凝胶材料的基础，一直受到学术界的重视。

一、重要进展

目前，黏性水凝胶、手性超分子水凝胶、纳米复合水凝胶等仿生水凝胶研究均取得较大进展，多项研究成果发表于国际权威期刊上。

（一）黏性水凝胶

2016 年 5 月，美国麻省理工学院的科学家们经过研究，合成了一种含水量大于 90% 的黏性水凝胶。这种水凝胶是一种透明状，像橡胶的材料。可以应用于很多材料的表面，包括玻璃、硅、陶瓷、铝合金和钛合金。其黏附韧性可媲美肌腱和骨头之间的连接。为了证明该水凝胶的牢固性，实验中研究人员在两块玻璃板之间放置了一个正方形的水凝胶，同时，在中间悬挂了 55 磅重的重物。他们还将水凝胶粘在硅晶片上，然后用锤子敲碎。当硅片震碎时，它的碎片仍然留在原来的地方。

研究人员将这种水凝胶和现有的水凝胶进行了比较，包括弹性体、组织黏合剂和纳米颗粒凝胶剂。结果表明，新的凝胶不仅拥有较高的水含量，而且黏合能力更强，良好的耐久性使得这种水凝胶可以作为船和潜艇水下表面的保护涂层。此外，这种凝胶的生物相容性较好，可以被应用于生物体内，如作为导尿管和传感器的生物外层。

除了测试水凝胶的韧性以外，该研究团队还用少量的水凝胶对模仿机器人肢体的短管进行连接，研究其在机器人关节上的应用。研究人员发现，水凝胶可以作为执行器代替传统的铰链。这种柔软的材料可以把那些僵硬的材料紧紧地连接起来，使机器人拥有更多的自由度。研究人员同样测试了它在导电方面的应用，将盐添加到水凝胶样本里，通过设计实验，使用电极和金属将其连接到 LED 光源。他们发现，盐离子可以在水凝胶中自由流动，最终将 LED 灯点亮。因此，金属—水凝胶混合导体创造了非常坚韧的界面。

该团队目前对水凝胶在柔性机器人和生物电子领域的应用很感兴趣。因为这种水凝胶含水量大于 90%，其连接可以被认为是一种水黏合剂，比自然凝胶更坚韧。这项工作对于理解仿生黏附方面具有非凡意义，同样对于一些现实应用也影响重大，比如水凝胶涂层、生物医学器械、组织工程、水处理和水下胶等。

（二）高拉伸水凝胶

2016 年 3 月，哈佛医学院的 Seok－Hyun Yun 课题组研制了一种高拉伸的、应变响应的水凝胶光纤，这种水凝胶光纤是由海藻酸/聚丙烯酰胺杂化凝胶为主要成分形成的核壳结构水凝胶纤维。该水凝胶纤维具有良好的强度、形变能力和弹性，将这种核壳水凝胶纤维与普通的硅光纤结合，利用光在核和壳的折光指数的不同，就可以把它用于光传导，研究发现传播损耗只有 0.45 分贝/厘米。此外，当水凝胶纤维经过染料染色，拉伸的时候光的衰减就会随着拉伸程度的增加而增加。因此，这种水凝胶纤维还可以作为应变传感器。

2016 年 10 月，韩国首尔国立大学的 Ki Tae Nam 和 Jeone－Yun Sun 利用牛奶中的酪蛋白成功制备了高拉伸并且缺口不敏感的水凝胶。酪蛋白是一种含磷钙的结合蛋白，对酸敏感，pH 较低时会沉淀。酪蛋白是哺乳动物包括母牛，羊和人奶中的主要蛋白质，又称干酪素、酪朊、乳酪素，在水溶液中会形成酪蛋白胶束。作者利用酪蛋白胶束的凝聚作用制备了酪蛋白/聚丙烯酰胺杂化水凝胶，研究发现该凝胶具有高拉伸性，可以拉伸到起始长度的 35 倍，并且具有缺口不敏感性，凝胶的撕裂能达到 3500 焦/米^2，作者认为能量耗散的机制是酪蛋白胶束间的摩擦以及酪蛋白胶束的塑性形变。

二、应用前景

仿生水凝胶材料最有良好的应用前景，可用于体外培养类器官研制、水下声波振幅和频率等变化的测量等领域。

（一）体外培养类器官

2016 年 11 月，瑞士洛桑联邦理工学院（EPFL）的研究人员开发出一种培养微型化身体器官的水凝胶，所培养出的微型化身体器官能够用于临床诊断和药物开发之中。类器官（Organoid）是能够在实验室中利用人的干细胞培养出的微型器官。它们能够被用来构建疾病模型，而且在未来可能被用来测试药物或者甚至替换病人体内受损的组织。但是当前的类器官在一种标准化的可控方法中非常难以培养，其中这种方法是设计和使用它们的关键。如今，EPFL 研究人员通过开发出一种正在申请专利的“水凝胶”而解决了这个问题，这种水凝胶可提供一种完全可控和可调整的方法来培养类器官。

培养类器官是利用干细胞开展的，它们能够分化为人体中任何一种细胞类型的未成熟细胞，而且在组织功能和再生中发挥着关键作用。为了培养一种类器官，这些干细胞在三维水凝胶（有促进干细胞更新和分化的生物分子混合物）内部进行培养。这些水凝胶的作用是模拟这些干细胞的自然环境，给它们提供一种富含蛋白和糖的被称作“胞外基质”的支架，在这种支架上，干细胞长出特定的身体组织。这些干细胞粘附到这种胞外基质水凝胶上，然后“自我组装”成为视网膜、肾脏或肠道等微型器官。这些微型器官保持着实际器官中的关键特征，而且在开展人体临床试验之前，能够被用来研究疾病或测试药物。但是，当前用来培养类器官的水凝胶是来自小鼠体内的，而且它们仍存在一些问题。首先，控制它们的批间组成是不可能的，这会导致干细胞表现不一致。其次，它们的生化复杂性使得很难对它们进行微调以便研究不同参数（如，生物分子，力学性质等）对类器官培养的影响。最终，这些水凝胶会携带病原体或免疫原，这意味着它们不适合培养用于临床的类器官。

EPFL 生物工程研究所 Matthias Lütolf 实验室开发出一种人工合成的“水凝胶”，避免了常规天然来源的水凝胶存在的限制。这种正在申请专利中水凝胶是由水和聚乙二醇组成的。研究人员利用这种水凝胶让肠道干细胞长出一种微型肠道。通过仔细地调整这种水凝胶的性质，他们发现这种类器官形成过程的不同阶段需要不同的力学环境和生物组分。其中一个因子是纤连蛋白（Fibronectin），它协助这些干细胞附着到这种水凝胶中。Lütolf 实验室发现这种附着本身在培养类器官中发挥着非常重要的作用，这是因为它提供了许多生长信号。研究人员也发现这种水凝胶的物理硬度在调节肠道干细胞行为中发挥着一种不可或缺的作用，从而有助于认识细胞如何能够感知和处理物理刺激，并对这些物理刺激作出反应。

鉴于这种水凝胶是人造的，因此控制它的化学组成和关键性质以及确保批间一致性是比较容易的。而且它也不会产生任何感染风险或触发免疫反应。同样地，它提供了一种将类器官从基础研究转移到未来的制药和临床应用之中的方式。Matthias Lütolf 实验室如今正在研究其他的干细胞类型以便将他们的水凝胶的这些优势性能应用到其他的组织中。

（二）水凝胶麦克风

2016 年 9 月，美国内布拉斯加大学（林肯分校）工程学院的研究人员利用水凝胶材料与水环境完美匹配的体积模量，在水下具有很小声阻抗的特性，首次将水凝胶应用于水下声学领域，成功研制了基于水凝胶的水下麦克风。

水凝胶材料自身原本无法响应外界压力，该研究通过原位电还原的简便办法巧妙地在水凝胶表层数十微米深度的空间内植入了树枝状银纳米结构，将其作为插入水凝胶内部可变形的金属电极，利用压力作用下该树枝状银纳米结构形变导致的水凝胶双电层电容变化作为信号，使得水凝胶器件能够检测外界的微小压力，并成功将其应用于水下声波的测量。该新型水凝胶麦克风可很好地响应水下声波的振幅、频率等变化，且对小于60赫的超低频水声波段表现出很高的灵敏度，其响应信号强度最高可超出市售商用水听器30分贝以上。该研究为水凝胶材料的设计及应用提供了新的研究思路，未来有望应用于水下侦测及海啸、海底地震等灾难的预警。

近年来，该研究团队相继开展了在新型多功能凝胶材料的合成方法、结构调控、功能整合和应用方面的探索，研发了一系列具有特殊电、磁、光、机械以及自愈合特性的水凝胶。

（军事医学科学院卫生勤务与医学情报研究所　张音）

全球抗生素耐药性现状分析与对策

几十年来，抗生素从曾经致命的感染中拯救了无数人的生命。但由于在医疗卫生领域和动物卫生领域的过度使用或误用，这些不可或缺的抗生素正迅速失去效力，这种现象被称为抗生素耐药性。国际社会若不紧急采取行动，世界将进入“后抗生素时代”，许多传染病可能变得无法控制。2016 年召开的 G20 峰会，将抗生素耐药性列为影响世界的深远因素，再次引起国际社会的高度关注。

一、全球抗生素耐药的基本情况

目前全球耐药病原体不断出现并蔓延，越来越多以往人们必需的药物正在失效，治疗手段日益减少，抗生素耐药性威胁着每个人的健康与生命，威胁粮食与农业生产系统的可持续性，并对经济造成巨大影响。

（一）抗生素产生耐药是一个自然过程

英国科学家弗莱明 1928 年发现青霉素成为医学史上的一次伟大革命。此后，科学家相继发现了许多能够控制细菌和病毒等微生物感染的药物，将其统称为抗生素。抗生素的不断发现及广泛应用，为人类战胜传染病开辟了道路。

但抗生素产生耐药是一个自然过程，从第一个抗生素被发现已经多次观察到耐药的现象。从发生机理上讲，当微生物发生突变或获得耐药基因时，就会产生耐药性，引起感染的微生物在接触通常能够杀灭它们或停止它们生长的药物后还能够存活。事实上，细菌在接触抗生素之前，就已存在具有耐药性的个体。而抗生素的使用，实际上是帮助细菌进行自然选择，绝大多数普通细菌被杀死，少数具有耐药性的细菌却可以存活下来大量繁殖。于是，抗生素使用剂量越来越大，失效的抗生素也越来越多。由于缺乏与其竞争的菌株，那些接触特定的药物还能够存活的菌株就会生长和传播，就会导致“超级细菌”的出现，如耐甲氧西林金黄色葡萄球菌（MRSA）和极耐药结核杆菌，它们很难或不可能通过现有药物治疗。

抗生素的过度使用加剧了耐药性发展和传播的速度，而我们又缺少新的药物来应对这些新出现的超级细菌。事实上，弗莱明在 1945 年的诺贝尔奖获奖演讲中就曾警告说，无知的人类滥用药物会带来耐药性的问题。

（二）目前自然界已出现多种超级耐药菌

近年来，各种新型“超级耐药菌”不断被发现。

2010 年 8 月《柳叶刀》杂志上，英国卡迪夫大学医学院蒂莫西报道了携带 NDM－1（新德里一号金属酶）基因的细菌，NDM－1 基因存在于细菌的质粒上，能够在细菌中广泛复制和转染，并能生成 β－内酰胺酶，该酶能够水解当前临床应用最广泛的抗生素。正是这篇文章的发表，使“超级耐药菌”问题引发全球关注。事实上，拥有 NDM－1 的“超级耐药菌”并不是第一次发现的耐抗生素细菌，它是继耐甲氧西林金黄色葡萄球菌（MRSA）

后引起国际关注的另一种耐药菌。

在 NDM－1 细菌出现之前，最重要的“超级耐药菌”当属 MRSA。1959 年，甲氧西林问世，可有效解决青霉素耐药问题。但仅仅过了两年，英国学者杰文斯于 1961 年即发现对甲氧西林耐药的 MRSA，该细菌能抵抗绝大多数抗生素。目前，美国每年因 MRSA 导致的死亡人数可达到 18000 例，超过死于艾滋病的人数。美国疾病控制与预防中心曾报道，1975 年 182 所医院 MRSA 占金黄色葡萄球菌感染总数的 2.4%，1991 年上升至 24.8%，而到了 2003 年，这一数字达到了 64%，其中尤以 500 张床以上的教学医院和中心医院为多。

除上述两种超级耐药菌外，自然界还存在很多其他耐药菌，包括超广谱酶大肠埃希菌、多重耐药铜绿假单胞菌、多重耐药结核杆菌等。因此，如果不控制抗生素耐药的快速发展，人类有可能回到无抗生素可用的时代。

（三）抗生素耐药对人类社会造成巨大影响

目前全球每年约 70 万人死于耐药菌感染，大部分发生在发展中国家，每年仅死于多重耐药和极度耐药的结核病的人数大约就有 20 万人。因为没有建立报告和监测系统，这个数字很可能被低估。如果抗生素或其他抗菌药物已经不能用于防止细菌感染，剖腹产等常见的外科手术或普通的肺炎都可威胁病人的生命。在印度，抗生素耐药性导致的新生感染每年会造成近 6 万新生婴儿死亡。

抗生素耐药不仅严重影响人类健康，也会导致经济损失。仅在美国，每年就有 200 多万起感染是由细菌引起的，这些细菌至少对一线抗生素治疗已经产生了耐药，美国医疗系统每年需要花费 200 亿美元解决耐药的问题。英国经济学家奥尼尔预计，到 2050 年全球抗生素耐药可累计造成 100 万亿美元的经济损失。最近世界银行和联合国粮农组织的报告还指出，如果2050年仍未解决抗生素耐药性问题，全球年度GDP将下降约1.1%~3.8%，等同于2008年金融危机的影响。

（四）未来抗生素耐药的挑战更加艰巨

随着现有抗生素逐渐失去效果，许多依赖于抗生素的治疗就会面临更高风险。例如癌症化疗或器官移植病人，他们在治疗过程中极易受到细菌感染，通常依靠抗生素预防感染。如果针对感染的治疗方案穷尽，相关的死亡风险将进一步上升。

英国经济学家奥尼尔2016年发表的《全球抗生素耐药回顾》报告指出，目前耐药性导致每年死亡人数70万人，如果不采取有效行动，预计2050年耐药性导致每年死亡人数1000万人，而相比癌症导致每年死亡人数预计是820万人，交通事故导致每年死亡人数则预计是120万人。

二、导致抗生素耐药的主要影响因素

出现耐药性是每种药物迟早发生的自然生物过程，人类一些做法、行为和政策失误大大加速了这一自然过程，导致全球目前部分药物出现耐药性危机。耐药性上升这一问题的核心是全球对抗生素的需求迅速增长，过多地使用抗生素直接导致更强的耐药性。而且，公司和政府对于新型抗生素研发缺乏动力，研究投入不足，也是导致抗生素耐药性问题难以解决的重要原因。

（一）公众对抗生素耐药了解不足

经济的发展让更多人能够获得拯救生命的药品，但实际情况往往是过度和不必要使用，而不是真正的医疗需求。患者经常要求医生开具抗生素和其他药品，或直接从柜台购买，但并不知道自己是否需要这些药，也不理解抗生素不必要使用的影响。最新研究表明，对抗生素耐药性及其发展和影响的误解是非常广泛的，世界各地都存在这种情况，人们往往不知道什么是抗生素耐药性，或者不相信是人类而不是微生物导致了耐药性。

（二）公共卫生基础条件恶劣

早在抗生素问世之前的 19 世纪，美国和西欧国家最早的公共卫生干预措施主要集中在公共基础设施，如污水处理和卫生设施，这些领域的投资为快速增长的城市人口带来了巨大的好处，第一次世界大战之前在这些地区非传染性疾病取代了传染病，成为死亡的最常见原因。对污水处理和卫生基础设施的投资是许多高收入国家经济发展的重要特征，而如今快速发展的中等收入国家却缺乏类似的投资。这一点反映了快速的城市化和经济增长的挑战，也反映出一个事实：我们现在拥有有效的抗生素，而在 20 世纪初是没有的。这就导致我们过于依赖药物治疗，却忽视了传统的预防作用。结果就是，传染病一直在深刻地影响着世界许多地区，不卫生的生活条件直接增加了细菌感染的负担，并直接导致了抗生素耐药性的发展。

（三）医疗机构感染风险加大

医疗机构的耐药菌感染风险也非常大。在所有发达国家，7% ~10% 的住院病人都会经历某种形式的医疗相关感染，在重症监护病房这个数字甚至上升到三分之一。在低收入和中等收入国家感染率还会更高，因为那里的医疗机构条件极为有限，有时甚至缺乏最基本的清洁和洗手的自来水。和其他感染一样，医疗相关感染也会导致耐药性，影响临床效果，增加医疗成本。例如，常见的医院感染的耐甲氧西林金黄色葡萄球菌（MRSA）感染导致的死亡率，比同种细菌（容易治疗的甲氧西林敏感菌株）高出一倍还多，在医院的治疗费用也高出一倍以上。

（四）抗生素在农业中大量随意使用

虽然目前还没有一致的证据，但越来越多的人已经达成共识，即在动物和农业中不必要的抗生素使用是导致抗生素耐药的重要原因。农业和水产养殖业显然需要抗生素，正确使用抗生素可以保障动物健康福利以及粮食安全。然而，抗生素在全球的使用大部分不是用于治疗患病的动物，而是为了防止感染，或仅仅是为了促进生长。在畜牧业中抗生素不仅使用量巨大，而且常常包括那些对人类非常重要的药物。例如，在美国被食品和药品管理局定义为医学上对人类重要的抗生素中，70%（按质量计算）都用于动物。还有许多国家在农业中使用的抗生素有可能比用于人类的还多，但他们根本没有或不发布这类信息。许多科学家认为这对人类健康、动物健康和食品安全都构成了威胁，因为大规模使用抗生素加剧了耐药性的发展，其影响会波及人类和动物。此外，大批聚居或生活在非卫生条件下的动物也会成为耐药性产生的温床，加速它的传播。在集约农业环境中，例如同一饲养室内饲养成千上万只鸡，抗药性细菌传播机会更多。

（五）公司和政府研究投入不足

第二次世界大战迎来了抗生素发现的“黄金时代”，从20世纪40年代末到70年代初，新产品源源不断推向市场。但自20世纪80年代以来发现抗生素的速度急剧下降。在过去20年间即使极少数“新的”抗生素能够上市，它们也是源自几十年前的科研突破。其中一个原因是现在比过去更难发现新的抗生素，尤其是我们最关注的针对耐药革兰氏阴性菌感染的抗生素。“唾手可得”的天然抗生素产品已经很难找到，基因组筛选技术，在20世纪90年代第一次使用时，也未能实现抗生素发现的革命。

这在很大程度上要归因于20世纪下半叶兴起的观念，即人类面临的最大公众健康挑战，至少在发达国家，已经不再是传染性疾病，而是非传染性疾病。这种认为传染病是“昨天的问题”的看法导致研究重点的过度调整，过度倾向于非传染性疾病，最终忽视了传染病防治产品的研究。由于我们没有考虑人畜共患传染性疾病的影响以及随着旅游兴起而带来的传染病全球传播速度加快，形势就更为严峻。

从私营部门来看，制药企业逐渐放弃了抗生素研究团队，转向可能并不“更容易”研究但绝对具有较高商业回报的领域。例如在肿瘤学领域，2014 年就有接近 800 个新产品在开发，其中大约 80% 有可能是“首创新药”，而抗生素产品只有不到 50 个。自 2010 年以来肿瘤学领域新产品的注册率比 20 世纪初提高了一倍，充分展示出持续的行业关注对具有科学挑战性但商业利润丰厚的疾病领域的影响。而抗生素只吸引了非常少量且还在不断收缩的风险投资。从 2003—2013 年共有 380 亿美元风险投资投入到医药研发，但只有 18 亿美元投向抗菌药物研究，在此期间尽管耐药性问题越来越严重，至少最近公众对这个问题也越来越关注，投资总数还是下跌了超过四分之一。

三、解决抗生素耐药问题的对策

国际社会认为，通过多种手段，减少抗生素的不必要使用，可以对耐药性产生巨大的影响，而且产生的效果是持久的，能够维持现有药物和新药的有效性，延缓它们需要被新产品所替代的速度。此外，强化新药研发，也是解决抗生素耐药问题的重要手段。

（一）开展大规模的宣传活动

加强全球对抗生素耐药性的认识，说服人们在没有真正需要的时候不要求医生开具抗生素或在柜台购买它们，说服农民不要在农业中不必要地使用抗生素，将在停止抗生素的不必要使用、延缓耐药性产生的过程中发挥重要作用，这样政策制定者就能确保应对耐药性的政策得以推行。

（二）改善全球公共卫生条件

改善公共和个人卫生条件依然是减少耐药性上升至关重要的条件：感染的人越少，他们需要的抗生素就越少，耐药性产生的就越慢。发展中国家的重点应该是改善基础设施，提供更多清洁用水和卫生设施。其他国家的工作重点应该是减少医疗和护理过程中的感染，如在医院限制超级细菌的出现。

（三）减少抗生素在农业中的使用

农业和水产养殖业大规模使用抗生素会加速耐药性的产生，而耐药性会扩散到其他动物以及人类。目前，许多对人类来说属于最后防线的抗生素都已在农业中使用，应采取行动限制某些非常关键的抗生素的使用。而且，必须提高食品生产者在养殖过程中使用抗生素的透明度，让消费者能够在知情的情况下做出更明智的购买决定。

（四）加强抗生素耐药的全球监测

监测是传染病管理的主要手段之一。世界卫生组织（WHO）提出了全球耐药性监测系统（GLASS），要求各国政府努力收集有关抗生素的使用数据、耐药性程度、耐药性的潜在生物学原因等方面的数据，并支持一些国家开展工作。随着诊断工具的现代化以及云计算技术的发展，“大数据”将以空前的规模产生，政府可以构建“大数据”的平台，开展耐药性监测和数据分析利用。

（五）研发新型传染病治疗产品

抗生素耐药问题愈演愈烈，而人类失去这些药物的速度远远超过其替代药物的研发速度。全球每年抗生素约有 400 亿美元的销售额，但只有 47 亿美元来自专利抗生素。各国政府必须在国家层面改变这种状况，改革抗生素的购买和配送系统，给予更多奖励来鼓励新型抗生素研发，同时还要避免过度使用新产品。

此外，也应鼓励利用其他替代的疗法解决抗生素耐药性问题。例如，中医药能否替代抗生素，也备受关注。英国南安普顿大学科学家正在测试中草药在治疗复发性尿路感染中的作用，以研究能否用中草药替代抗生素来治疗此类症状。另据报道称，英国中草药注册局主席艾玛·费伦特表示，细菌抗药性问题越来越严重，而中草药在替代抗生素治疗某些疾病，如复发性尿路感染、急性咳嗽、喉咙肿痛等方面可能会扮演重要角色，将有助于减少对抗生素的依赖，并防止更广泛的抗生素耐药性出现。

（六）构建全球共同应对新格局

耐药性不是某一个国家能够单独解决，甚至不是某一个区域能够解决的问题。我们生活在一个相互关联的世界里，动物和食物会旅行，微生物也和他们一起旅行。因此，想要取得长期、有意义的进展，必须采取全球行动。2016 年在杭州召开的举世瞩目的 G20 峰会，会议列举阐述的影响世界的深远因素中，特别指出，抗生素耐药性是影响全球经济的重大挑战。2016 年 9 月，联合国召开了抗生素耐药性高级会议，体现出各国领导人已意识到抗生素耐药性带来的灾难性后果，也给全球共同应对并解决抗生素耐药问题带来了新的希望。

总体看，必须通过多管齐下的方式遏制抗生素滥用，包括民众要接受抗生素使用处方化，医生要坚持抗生素使用科学化，政府要坚持医疗活动规范化，农业管理部门也要严格控制经济动物使用抗生素等。只有遏制抗生素滥用，方能减缓抗生素耐药的步伐。此外，加强科学研究，探索新型的治疗方法，也为人类有效对抗传染病的威胁留下发展空间。

（军事医学科学院卫生勤务与医学情报研究所　王磊　李丽娟）
（中国医学科学院医学信息研究所　安新颖）
（中国科学院微生物研究所　张荐辕）

美国国防高级研究计划局加强生物科技项目部署

继信息技术之后，生物科技的迅猛发展引领了新的科技浪潮，而信息技术、生物技术、新能源技术、新材料技术的交叉融合正在引发新一轮科技革命和产业变革，对国防军事领域也带来了巨大冲击。作为生物技术领域领先国家，近年美国已在脑控与控脑、生物材料、仿生机械、生物计算、合成生物学等多个领域取得多项重大突破，推动了士兵作战效能倍增、武器装备性能提升、战场医疗水平改善，将颠覆作战模式，引发新一轮军事科技变革。美国国防高级研究计划局 2014 年成立了生物技术办公室，加强对生物技术国防应用的部署与管理，这标志着美国已将生物技术的国防应用提升到新的战略高度。

一、生物项目经费投入呈现增长趋势

DARPA 作为美国国防部重大科技攻关项目的组织、协调、管理机构和军用高技术预研工作的技术管理机构，所管理的多为风险高、潜在军事价值大的科研项目，这些项目多具有投资大、跨军种、面向中长期深远战略影响的特点。近20年来，随着生命科学的飞速发展和突飞猛进，DARPA开始通过多种途径资助生命科学及相关研究，对生物领域的投入日益增加。DARPA在2014年成立生物技术办公室，将原来分散于其他部门管理的生物与医学技术进行统一管理，显示DARPA加大了对生物技术领域的管理力度，这成为DARPA对生物技术管理的分水岭，也凸显出生物技术在国防科技中的战略重要性。

近10年来，DARPA年度科研经费保持在28亿~30亿美元之间，呈现基本稳定的趋势，根据其年度预算报告，2015年DARPA经费为29.2亿美元，2016年预期为29.7亿美元。但生命科学领域研究经费投入呈现持续增长，2015年度生物技术领域为3.07亿美元，占DARPA年度经费的10.3%，较2013年度增长了40%，其中应用研究领域较2013年增长了58%，由2013年度的1.49亿美元增长至2015年的2.36亿美元，生物战防护研究、生物材料与装备领域有大幅度增长。从经费分布来看，DARPA更倾向于面向解决实际问题的应用研究领域（占比77%），基础领域占比相对较少23%（表1）。其中生物医学技术（36.5%）、生物材料与装备（25.7%）、基础作业医学（16.3%）投入占比相对较高。

表1　DARPA生物技术领域项目经费分布

单位：亿美元

项目分类		2013年		2014年		2015年	
		金额	占比	金额	占比	金额	占比
基础研究	生物和信息、微系统科学	0.31	14.3%	0.24	9.4%	0.21	6.8%
	基础作业医学	0.37	17.1%	0.50	19.6%	0.5	16.3%
应用研究	生物医学技术	0.98	45.2%	1.15	45.1%	1.12	36.5%

（续）

项目分类		2013 年		2014 年		2015 年	
		金额	占比	金额	占比	金额	占比
应用研究	生物战防护研究	0. 15	6. 9%	0. 24	9. 4%	0. 45	14. 7%
	生物材料与装备	0. 36	16. 6%	0. 42	16. 5%	0. 79	25. 7%
合计		2. 17	100%	2. 55	100%	3. 07	100%

二、在研项目重点布局于四大领域

DARPA 的研究项目着眼于未来战争与国防的战略需求，从科技发展的趋势和远景出发，重视生物技术、信息技术、纳米技术、医学技术等前沿领域与集成技术的融合，资助风险高但是具有开创性、前瞻性和深远影响的技术，而非“短平快”的实用性项目。根据 DARPA 生物技术办公室的项目清单，目前生物科技领域在研项目共 28 项，以项目技术类别为标准可将其划分为4 个领域，分别为神经科学、生物系统安全、战场疾病救治、作业医学（表2）。

表2　DARPA 在研主要项目

技术领域	项目名称	英文名称/缩略语
神经科学	1. 手本体触觉接口	Hand Proprioception and Touch Interfaces/HAPTIX
	2. 神经功能活动结构与技术	Neuro Function, Activity, Structure, and Technology/Neuro – FAST
	3. 可靠神经接口技术	Reliable Neural – Interface Technology/RE – NET
	4. 革命性假肢	Revolutionizing Prosthetics
	5. 系统性神经治疗技术	Systems – Based Neurotechnology for Emerging Therapies/SUBNETS

（续）

技术领域	项目名称	英文名称/缩略语
神经科学	6. 恢复主动记忆	Restoring Active Memory/RAM
	7. 战略社交模块	Strategic Social Interaction Modules （SSIM）
	8. 神经工程系统设计	Neural Engineering System Design （NESD）
	9. 靶向神经可塑性训练	Targeted Neuroplasticity Training （TNT）
生物系统安全	10. 促进预防治疗的自动化诊断技术	Autonomous Diagnostics to Enable Prevention and Therapeutics/ADEPT
	11. 复杂情境的生物鲁棒性	Biological Robustness in Complex Settings/BRICS
	12. 生命铸造厂	Living Foundries
	13. 威胁快速评估	Rapid Threat Assessment/RTA
	14. 打败病原体	Pathogen Defeat
	15. 病原捕食者	Pathogen Predators
	16. 传染病宿主弹性技术	Technologies – for – host – resilience/THoR
	17. 生物控制	Biological Control
	18. 工程化活体材料	Engineered Living Materials （ELM）
	19. 干预并共同进化的预防和治疗	INTERfering and Co – Evolving Prevention and Therapy (INTERCEPT)
	20. 安全基因	Safe Genes
战场疾病救治	21. 战场医学	Battlefield Medicine
	22. 类透析治疗	Dialysis – Like Therapeutics/DLT
	23. 电子处方	Electrical Prescriptions/ElectRx
	24. 微生理系统	Microphysiological Systems
	25. 体内纳米平台	In Vivo Nanoplatforms/IVN
	26. 创伤稳定系统	wound – stasis – system/WSS
作业医学	27. 生物节律	Biochronicity
	28. 勇士织物	Warrior Web

（一）神经科学布局覆盖中枢与外周，扩展神经接口通信控制应用

神经科学与人机接口是 DARPA 研究的重点领域，也是近年进展最快的领域之一。该领域的技术覆盖了感觉知觉、运动神经、外周神经、中枢神经等不同接口技术，以及基于神经接口的假肢康复技术等。研究既面向解决战场创伤康复的革命性假肢、SUBNETS 新型神经系统治疗技术，也面向人机扩展与脑机通信，如 HAPTIX 手本体感觉接口、HIST 神经接口稳定的组织学技术、Neuro - FAST 神经功能结构与兴奋技术、RCI 中枢神经系统接口技术、RE - NET 可靠神经接口技术、RPI 外设神经接口等。

本体感觉接口计划（HAPTIX）力图研发能像手臂一样自然活动，并能体验到触感的假肢系统，以帮助受伤军人实现全面且近自然的功能恢复，通过相同的神经信号来控制和感知假肢，目前 FDA 正在对其 I 期临床试验结果进行评估。Neuro - FAST 项目旨在破解神经元活性与行为关系的神经功能、活性、结构和技术，SUBNETS 的目的是监视、破解并减轻神经和精神类疾病患者病痛的新兴神经治疗技术，RAM 记忆修复技术旨在帮助外伤性脑损伤和神经疾病患者重建记忆形成能力，研发植入式记忆芯片，协助罹患脑外伤的退伍士兵恢复正常的记忆功能，目前已经开始将临时性传感器植入接受颅脑手术的患者脑中。革命性假肢则可以提高肢体修复的工艺水平，使其从功能较差的粗糙装置向完全集成的功能化肢体方向转化，人体临床试验结果显示将电极直接植入到因脊柱损伤而瘫痪的患者的大脑当中，研究者触摸假肢手掌的不同手指时，患者便可区分触觉来自于哪根手指。通过这种假肢可以完成使用钥匙及锁、吃饭、使用拉链和梳头等复杂动作，从而达到功能康复。2014 年 5 月，美国食品药品监督管理局正式将革命性假肢研发成果“DEKA 手臂系统”获得了审批，这是第一种获批的通过肌电图电极传输信号来控制动作的假肢。

（二）生物安全与生物系统并重，打造传染病控制与生物制造平台

对于生物系统与微生物领域，DARPA不仅重视生物安全的识别、评估与控制威胁，也非常重视利用生物系统特点，进行生物制造、合成生物学等方面的研究。目前主要在研项目包括ADEPT自动防诊治技术、快速威胁评估、打败病原体、病原捕食者、传染病宿主耐受技术、生命铸造厂、BRICS复杂装备的生物稳健技术等。

自动防诊治计划ADEPT的目的是提供一个技术平台，以协助医疗人员超越自然、变异疾病和病毒的传播速度，能够精确诊断、快速生产疫苗、靶向给药以帮助人体快速建立免疫系统。威胁快速评估项目要在30天之内绘制出生化武器对人体影响的分子机制，继而得出生化防御的医疗对策。DARPA资助完成了多项应对病原体的研究，Medicago公司的H5N1流感疫苗、iBio公司H1N1流感病毒疫苗均已完成了Ⅰ期临床试验。

相较于生物系统的精密程度，目前的人工系统还有较大的差距，因此DARPA着力推动生物系统应用于制造和材料领域。DARPA利用合成生物学打造生物制造平台，批量生产新材料，从2011年开始就启动了“生命铸造厂”研究计划，该计划包括建立通用（ATCG）技术平台与制造1000个分子两个阶段。目前该计划已经进入第二阶段，将于2019年前合成出1000种新分子，利用生物体作为规模化的细胞工厂，快速合成生物燃料、高效半导体材料等具备全新性能的新材料。BRICS复杂装备的生物稳健技术是基于合成生物学，打造生物系统的组件技术，促进生物工程从实验室尽快向复杂的应用领域转换。

（三）探索新型诊治生产技术，解决战场救治难题

战场救治技术项目主要面向战场防诊治需求，包括战场药物技术、DLT类透析治疗技术、爆炸性神经创伤预防PREVENT项目、神经网络刺激技术

ElectRx 项目、REPAIR 加速创伤康复、创伤止血系统、体内纳米平台等项目，覆盖药物快速生产、战场创伤救治、纳米诊断、预防神经创伤、加快创伤康复等多种战场卫勤难题。

战场药物技术旨在建立能够快速满足战场药物需求的药物制造平台，突破后方物流运输至战场的后勤保障与储备限制；创伤止血系统项目评估快速止血填充物与敷料，达到止血和稳定伤员生命体征的目的，为后续手术争取时机；类透析治疗技术（DLT）计划的目的是研发一种便携式的透析设备，效仿肾衰竭透析疗法，移除血液中的不洁部分，隔离有害介质，再将干净的血液送回人体。该设备能降低脓毒症的发病率以及该疾病导致的死亡率，在救治生命的同时，节省大量的经费开支；爆炸性神经创伤预防项目前期已经对简易爆炸装置造成的物理性爆炸和神经系统损伤之间的病理生理机制进行了全面评估，之后将对细胞、组织、器官和器官系统不同水平的机制进行研究；REPAIR 加速创伤康复项目的目标是通过创伤恢复计划研究基础神经计算和重组机制，建立大脑模型与接口能力。神经网络刺激技术通过对外周神经系统的定向刺激，充分利用身体自身的能力实现疾病的快速和有效恢复，目前已完成基础科学理论基础的概念验证。体内纳米平台计划试图研发全新的具备强适应性的纳米微粒，同时形成针对生理异常、疾病和传染病的纳米技术治疗方案。

（四）作业医学提升人体效能，全面增强战斗能力

该领域通过生物物理学探索、认识生物体，从而增强战斗能力，建立人体能力增强研究平台，主要项目包括生物节律、“勇士织物”等。

生物节律通过多学科交叉，将历史数据、生物信息学、数据挖掘技术结合起来，鉴定影响生物体活动的时空指令，研究影响士兵战场表现的生物机制，优化作战任务的安排。“勇士织物”外辅助支架可以辅助士兵完成作战任务，减轻损伤、完成再生动力学、自适应感知与控制以及作战服“人—穿戴者”接口，目前已经完成测试。

三、2016 年度聚焦部署服务于国家安全的突破性技术

2015 年 DARPA 发布了《服务于国家安全的突破性技术》战略，将加速合成生物学的发展、战胜传染病和掌握新的神经技术列为未来需要生物医学领域突破的重要举措。2016 年度美国国防高级研究计划局（DARPA）生物技术办公室新部署了 7 个项目，均聚力于以上领域。

（一）加速合成生物学的发展

作为一门新兴的交叉学科，合成生物学在医药、能源、材料、环境等领域中具有广阔的应用前景，对国防科技具有深远的影响。在合成生物学领域，DARPA 主要关注生物制造、新型合成生物学技术与生物安全等方面的研究，并加大了在此领域的投入，2016 年部署了生物控制、工程活体材料、安全基因等项目。

1. 生物控制项目建立多级生物控制系统平台

生物控制项目发布于 2016 年 2 月，旨在建立生物系统的多维控制系统平台。具体而言，DARPA 寻求从纳米到厘米、数秒到数周，以及从生物分子到生物群体的生物系统控制的新型技术能力，由嵌入的生物工具控制系统层级的行为。

项目将利用在生物系统中广泛存在的调控机制，通过组合这些机制来实现工程生物系统的控制，包括小分子（例如转录因子和核糖开关）、具有多个亚基的大蛋白质（如分子发动机和跨膜受体）等。所得的生物控制工具方法和控制策略将可广泛适用于各种生物系统，从无细胞系统和传统的

实验室微生物到合成的有机体系统和动物模型，同时还将进行生物控制的预测模型理论研究。研究包括生物控制工具、生物控制检测平台、理论与模型三个方面。该项目将采用生物控制策略，通过现有的控制理论来设计和实现类似于如机械和电气系统的常规控制工程。通过开发不同级别的闭环生物控制工具，包括合理设计和实现生物系统的多尺度控制策略，以及有效预测和设计的理论和模型，评估系统级行为控制的测试台。该项目将影响到多种生物系统的控制，为工程生物学创造新的发展前景。

2. 安全基因项目提升生物技术攻防能力

2016 年 9 月发布了安全基因项目，目标是在发展先进的基因组编辑技术提升生物能力的同时保障生物安全，研发控制有意或无意使用生物技术风险性的方法。

随着新兴的基因组编辑工具迅猛发展，DARPA 面向解决生物安全颠覆性创新如基因驱动技术（自我永久基因编辑系统，即通过有性繁殖的群体中的基因变异）的根本需求，将重点支持先进基因编辑技术应用的安全技术，包括工具、方法及基本理论研究。项目包含三个技术领域，分别为基因组编辑活性控制、应对和预防措施、基因修复。首先，需要对设计和开发遗传电路和基因组编辑机制进行研究，以实现在生命系统中对基因组编辑行为的空间、时间和可逆性进行控制。其次，开发防止或限制基因编辑活性的小分子或分子策略。再次，开发“基因修复”策略，从广泛复杂的人群和环境背景中消除不想要的基因，以恢复生物系统功能和遗传基线状态。安全基因项目为期四年，共分为两期。一期将建立基本的工具并在体外和体内对技术领域进行概念验证。二期研究的重点是在生物活体内原位验证所选工具和方法的有效性、安全性、特殊性和稳定性。

3. 工程活体材料（ELM）开发具有生命力的建筑材料

工程活体材料（ELM）项目发布于 2016 年 8 月，目标是开发活体材料，将传统建筑材料的结构性能与生命体快速生长、自我修复和适应环境的属性相结合。

活体材料是一个全新的领域，利用工程生物学来解决建筑学建设和维护难题，创造动态响应周围环境的智能建筑。项目目标是开发活体材料结构特征工程化的蜂窝系统工具与方法，并通过生产可以繁殖、自组织和自愈合的生物材料来验证。ELM 希望能够将木材、混凝土等惰性建筑材料的功能与 3D 打印组织和生物支架的生长能力相融合。ELM 的技术路径一是寻求递送由支持活细胞生长的惰性结构支架组成的杂交材料，二是发现材料的基本工程原理，其使得能够将结构特征遗传编程到生物系统中，以开发能够实现指定和可调模式和形状的多细胞系统。

（二）战胜传染病

传染病的新型预防、诊断治疗技术是国家生物安全的双刃剑，在多种新发传染病的威胁下，2016 年 DARPA 部署了传染病领域的干预并共同进化的预防和治疗、“普罗米修斯”项目。

1. 干预并共同进化的预防和治疗（INTERCEPT）项目解决病毒变异难题

干预并共同进化的预防和治疗项目发布于 2016 年 4 月，目标是开发和探索治疗性干扰颗粒（TIP）作为解决病毒变异的方法。

一直以来，快速突变的病毒病原体给军事和国家安全带来巨大的生物威胁。目前的预防和治疗方法，包括疫苗和抗病毒药物的设计均面向发现或诊断时的病毒。这种“静态”治疗和预防需要重复和耗时的开发、制造和测试，与目前的需求具有较大的差距，并带来较大经济负担，无法有效解决新出现的生物威胁。TIP 是具有缺陷病毒基因组衍生的颗粒，其仅在存在病毒的情况下复制，通过竞争必需的病毒组分干扰病毒复制增殖。正如它们的亲代病毒一样，TIP 易于随时间突变，并且可以与突变病毒共同进化，减轻病毒从治疗中逃逸。该计划将利用新型分子和遗传设计工具，通过高通量基因组技术和高级计算方法解决 TIP 的安全性、有效性、长期共同演化等普遍性问题。

2. “普罗米修斯”项目研发传染病早期诊断生物标志物

“普罗米修斯”（Prometheus）项目发布于 2016 年 6 月 15 日，旨在探索人体宿主感染呼吸道病原体的生物标志物分子，以早期发现与预测人体接触病原体后是否发生感染，研发病原体感染早期检测方法。

人类在感染许多急性传染病后并不立即出现症状或者症状轻微，感染者不一定就医，所以很难被纳入疾病监测，但感染者已经具有传染性，可能导致传染病的传播。DARPA 的“普罗米修斯”项目目的是对宿主带有的能预测传染病传播潜能的分子生物学特征进行研究，最终目标是用少量的早期人体宿主生物标志物在感染或接触病原体 24 小时内预测被感染的情况。通过基于基因组学、蛋白质组学、代谢组学和表观基因组学的分子工具可以确定和量化接触病原体或发病后产生的生物标记物，以评估疫苗接种史、疾病进展和环境暴露等因素。“普罗米修斯”项目主要包括 2 个主要技术领域，一是发现宿主分子靶标，二是研究预测算法。

（三）掌握新的神经技术

由于脑机接口、人工智能是影响战争模式与人类未来的重要科学领域，军人中枢与外周神经系统创伤与功能康复尚无良好的解决方案，因此神经科学领域一直是 DARPA 的重点关注和投入领域，2016 年部署了脑科学领域的神经工程系统设计、靶向神经可塑性训练项目。

1. 神经工程系统设计（NESD）开发植入大脑神经的接口装置

神经工程系统设计项目发布于2016年1月，旨在开发植入式的神经接口装置，在大脑和电子设备之间提供较高的信号分辨率和数据传输带宽，通过将数字听觉或视觉信息以远远高于当前技术可能的分辨率和经验质量输入到大脑中，来补偿视力或听觉缺陷。

项目目标是在生物相容性装置中实现通信连接，神经接口作为中介装置，将大脑神经元的电化学语言转换为信息技术语言的1和0。其尺寸不大于1厘米^3。研究除了面临项目硬件设备的挑战，还需要开发先进的数学和神经计算技术，首先将电子设备和皮层神经元之间的高清晰度感官信息转码，然后压缩传输数据，并确保保真度和功能损失最小。神经工程系统设计项目大大提高了神经技术的研究能力，需要多学科的融合，包括神经科学、合成生物学、低功率电子学、光子学、医疗器械包装和制造、系统工程和临床测试等多种学科的整合。NESD项目同时是DARPA和奥巴马总统的大脑计划的组成部分。

2. 靶向神经可塑性训练项目（TNT）提升学习认知能力

靶向神经可塑性训练项目发布于2016年4月，目的是通过激活周围神经系统加强大脑的神经联系，促进学习认知技能训练的效率。

由于身体周围神经的分支网络神经元将器官、皮肤、肌肉紧密联系，并调节消化运动感觉，传输并反馈大脑和脊髓信号，因此通过刺激周围神经元将有效激活大脑的学习认知。DARPA的研究目标包括阐明周边和中枢神经系统回路中，可调节突触可塑性的大脑解剖和功能图，了解周边神经刺激对认知能力的影响和大脑活动的机制，优化非侵入性刺激神经系统而且没有副作用的方法。该项目将建立促进广泛认知技能学习训练的广泛平台，缩短培养外语专家、情报人员、密码分析人员等相关技能的时间，提高成人的认知学习效率。

四、DARPA 部署凸显出生物科技项目的战略地位

从近期的生物科技项目部署可以看出，DARPA 着眼于未来战争与国防的战略需求，以战略前瞻为导向，强化生物国防升级转型，显示出生物技术已成为国家安全与科技发展中的战略关键技术。

（一）提升了生物技术项目在国家安全格局中的战略地位

DARPA 现任局长阿尔提·普拉巴卡尔将生物学比喻为“自然界最终极的创新产品”，显示了生物学在科技创新格局中的战略地位。近年来 DARPA 生物科技项目投入呈现增长的趋势，2014 年专门成立生物技术办公室，更是凸显了生物技术发展在未来国防中的重要引领作用。

（二）项目部署的重点由医疗救治转向国防应用

从生物技术办公室的项目布局可以看出，生物战防护研究、生物材料与装备领域吸收的研究经费呈现大幅增长趋势，合成生物学、脑科学、生物防御类技术成为主体，面向战场救治的研究项目只占少部分。在研项目跨越了社会科学与自然科学、生理与心理行为和意识、工程和技术的边界。可以预见，高度融合的多学科交叉项目将是未来创新研究成果和产品的核心突破地带。

（三）具有军事潜能的新型技术成为投入重点

从 DARPA2016 年度新部署项目可以看出，DARPA 在生物科技领域的研究投向更加聚焦，重点关注生物安全（传染病防控）、合成生物学（新型生物技术与生物系统制造）、神经科学技术（脑认知与脑机接口）等面向未来需求与挑战的战略技术领域，这些领域都具有巨大的军事潜

能，有利于提升作战能力，控制生物武器的发展。这些领域不仅是人类健康和国防面临重大挑战的科技领域，也将是各国国防生物科技竞争的主要战场。

（军事医学科学院卫生勤务与医学情报研究所　吴曙霞　蒋丽勇）
（中国科学院上海生命科学院信息中心　王小理）

美军再生医学研究进展与趋势

战争所致肢体结构残缺、器官损伤、认知能力丧失等难题是导致伤员死亡、残疾和神经精神障碍的直接原因，导致伤员无法返回部队执行任务，影响伤员康复并对其生活造成极大困扰，也是军事医学和卫勤保障能力提升面临的重大挑战，亟需通过再生医学发展予以解决。由于再生医学研究领域多学科交叉融合特性以及对战创伤救治的战略重要性，因此需要研究资源高度整合与协同合作。本文通过分析美军再生医学领域研究组织发展模式和近期医学研究进展，为我军相关领域研究提供借鉴参考。

一、美军建立研究联盟助力再生医学实现突破

随着再生医学在非战争创伤领域的飞速发展，美军认识到其在战创伤领域的重要性，美国陆军医学研究与物资部临床和康复医学研究计划与战斗伤亡护理研究发展计划、武装部队再生医学研究所（AFIRM）、美国国防高级研究计划局、陆军外科研究所、美国陆军协会、美国国立卫生研究院生物医学成像和生物工程研究所、退伍军人事务部等均设立了战创伤再生

医学研究项目。其中主要以美国陆军医学研究与物资部及其下属机构远程医学与高技术研究中心、武装部队再生医学研究所为主体研究力量。远程医学与高技术研究中心主要对国防部内部研究项目进行管理，武装部队再生医学研究所整合军地资源，通过研究联盟形式进行再生医学研究。

（一）美国陆军医学研究与物资部推动战场救治应用

美国陆军医学研究与物资部及其下属机构远程医学与高技术研究中心2001年开始进行再生医学研究，2006年增设了骨创伤项目，2008年参与成立了武装部队再生医学研究所，2009年又在国防医学研究发展计划中进行了部署。其主要目标是解决战创伤的未满足需求，推动再生医学的创新进展应用于战场急救与医疗救治，目前远程医学与高技术研究中心累计已经投入了1.04亿美元资金，资助了70余项研究，获得48项专利。

（二）武装部队再生医学研究所实现军地融合

为了整合美国的再生医学能力为国防需求服务，美军2008年成立了武装部队再生医学研究所，该机构以2个军地融合的研究联盟为纽带，由美国政府、DARPA、国会专项等共同资助，前5年投入总经费约为3亿美元，进行烧伤修复、无瘢痕创伤愈合、颅面部重建、四肢重建、间隔综合征等多个领域再生修复的研究，已取得人工耳、3D打印皮肤和指骨等研究成果。该机构的研究机制和模式已成为美军整合军地资源联合创新的典范。

（三）美国国防高级研究计划局致力于血液工程制造

美国国防高级研究计划局启动了血液制药工程项目，血液制药研究的目的是研制出血液干细胞达到可输注程度的万能红细胞，并研制出供血的自动培养和包装系统。该计划为需要供血者提供血液供应，功能相当于新鲜血液细胞，能满足大型战区使用，减轻战区后勤供血负担。该项目使用可反复使用的干细胞群在自动密闭培养系统中，每周生产100单位O型阴性红细胞。目前已研制出中型体外产血全集成样机，并制定出战时应急快速反应的保障方案；通过修饰治疗用红细胞扩大体外产血的价值；此外，进行了具有特殊功能的前体细胞修饰并成功动物移植，然后在体内生产修饰的成熟红细胞系统的验证。并验证了进行通过生物反应器培养，连续生产扩容红细胞前体的方法。

（四）美国海军医学研究中心重视复杂创伤的再生研究

美国海军医学研究中心下设再生医学研究部，主要关注异位骨化、伤口愈合、免疫调节、可输注的止血药、干细胞移植治疗组织再生、辐射损伤等领域。同时与美军医科大学外科、华尔特里德军事医学中心以及地方医疗机构合作。研究重点为保存、修复、再生、增强或更换现有皮肤和肌肉骨骼组织的再生治疗方案，包括研究慢性创伤与正常愈合伤口的分子修复机制差异，冲击伤、穿透伤、简易爆炸伤形成的肢体愈合、组织修复和异位骨化的复杂创伤机制，开发再生医学产品，以及利用 siRNA 基因沉默、蛋白质组等多种技术手段进行治疗的测试和评估。

二、再生医学研究多个领域取得进展

美军再生医学研究已经取得多项成果，目前已开发用于烧伤的皮肤枪、创面敷料和 3D 打印皮肤，在骨移植材料、肢体和血管系统等再生领域也取得突破。

（一）烧伤修复已有产品即将进入临床应用

主要包括四个领域的研究，烧伤伤口愈合的局部组织治疗、疤痕预防和皮肤产品、皮肤替代品以及烧伤静脉治疗药物。目前已经有四项产品进入临床，其中一项为临床Ⅲ期，三项为临床Ⅰ期。进入临床的研究包括美国陆军外科研究所 ReCell 装置和自体中厚网状皮肤移植进入三期临床，该装置采用自体皮肤，提取皮肤角质细胞、成纤维细胞、黑色素细胞等细胞形成溶液，加入细胞因子进行培养后喷在伤口上，该技术的难点在于控制上皮再生的速度，调控炎症反应。Stratatech 皮肤替代物进入了一期临床，该产品已经具备了皮肤的功能和特性。

其他在研的项目还包括使用人体皮肤干细胞经喷雾装置将干细胞喷射至烧伤部位，发现来源于胎儿皮肤组织的皮肤干细胞也许能作为急性和慢性皮肤病和烧伤病人再生治疗的干细胞来源。皮肤原位生物打印技术，利用 3D 打印技术来实现“打印”皮肤上的切除创面。使用羊水来源的干细胞开发改进生物工程皮肤产品，用于大面积烧伤治疗。用自体组织工程皮肤替代物进行烧伤修复。通过新型表皮干细胞恢复皮肤的颜色和形成血管网络，使用人类自体脂肪干细胞分化为表皮细胞，用于没有自体表皮细胞来源的患者烧伤修复。

（二）颅面重建多个项目进入临床研究

颅面重建领域项目研究重点包括骨再生、软组织再生和软骨再生（重点是耳朵）。目前，已有 5 个项目进入临床阶段，其中两项完成临床二期，包括抗 T 细胞受体单克隆抗体（TOL－101），用于预防移植排斥反应，采用组织工程人口腔黏膜进行大型软组织口腔内缺陷治疗。三项处于临床一期，包括采用可注射的和可移植的工程软组织进行创伤重建治疗，复合组织同种异体移植等。

软骨再生领域已经开发出用于耳重建的工程软骨包被耳，利用 3D 器官打印系统建立和组装了一个耳型支架，并植入 3D 生物打印的耳构件形成人工耳。使用胶原蛋白/钛开发平台，开发永久的可植入的外耳，分别在免疫缺陷的啮齿动物和大型动物中进行高质量、稳定的工程化软骨实验，并将绵羊来源的软骨细胞制成耳形状的软骨。在骨重建领域，将多孔聚甲基苯烯酸甲酯作为颅面重建的空间维持材料，并进行了抑菌性研究。采用同种异体骨/聚合物复合材料，开发治疗长骨缺损的可注射、可控的 LV®骨移植物。制成一种支持内皮（血管形成）和成骨（骨形成）细胞生长的可降解支架。使用猪下颌骨开发临床前动物模型用于骨再生研究。软组织重建领域，利用可生物降解的多聚物支架设计与宿主血管神经网交联的骨骼肌，开发受神经支配的血管化的骨骼肌。开发便携式灌注系统，以提高用于移植的断肢保存时间，并完成了猪上肢离断灌注系统的实验。

（三）伤口无痕愈合预防疤痕形成

主要包括伤口环境与力学的控制、伤口新型给药系统，以及减轻伤口的炎症反应3 个领域。进入临床研究的有2 个项目，在创面愈合过程中，使用双丁萘磺乙酯装置进行主动生物力学控制和避免疤痕形成的研究进入了临床三期，自体脂肪移植和重构用于疤痕预防研究进入了临床二期。

伤口环境与力学控制领域，开发了杜洛克猪模型的伤口压力测试装置，通过控制内部力学机制来控制疤痕形成。伤口治疗领域，发现静脉注射姜黄素加速愈合，并且能在兔耳模型中减少疤痕面积。开发一种为皮肤修复和更换的皮肤创口膏产品，涉及脂肪干细胞和无细胞真皮支架的组合。通过含有胚胎样基质细胞和祖细胞研制伤口再生绷带应用于伤口愈合。减轻伤口炎症开发用于促进无瘢痕愈合的多功能生物支架。正在研发玻尿酸，它包含的单克隆抗体或肽对细胞因子和其他炎症介质有特定的亲和力，从而去吸收促炎性细胞因子并减少炎症反应。

（四）四肢伤救治促进患者肢体功能康复

项目涵盖骨及软组织、神经修复/损伤、复合组织损伤修复、伤处再生等领域，目前已有2 个项目进入临床阶段，包括战创伤致残上肢的手移植重建，新的生物支架材料的安全性临床试验评价，2 个项目均处于临床一期。

骨再生领域，开发了大段骨缺损的支架，正在研发大动物模型检测新骨再生技术。在软组织修复和再生领域，研发了生物可吸收和抗断裂的人工支架，该支架既含有聚乳酸又含有聚二氧，可用于动脉微创治疗和静脉创伤治疗。已开发组织工程半月板支架，可以用来替换中度至严重受损半月板。在神经再生领域，已研制出一种可植入的有机微电极阵列（被称为“OSMEA”），可实时电刺激受伤的肌肉以防止它们萎缩。通过添加骨髓间充质干细胞，加强神经外膜神经鞘管的功能，提高神经再生。复合组织损伤修复领域进行复合组织移植的血管化和神经支配的时空控制研究，促进四肢功能恢复。

（五）筋膜室综合症研究解决愈合难题

主要关注筋膜室综合症的细胞疗法和生物支架为基础的治疗，细胞治疗研究项目包括利用人肌源性和骨髓源性的干细胞和前体细胞进行患者功能性筋膜室组织的重建。评估自体骨髓单核细胞治疗筋膜室综合症患者有效性，已经完成动物实验研究。生物支架研究包括自体肌源性干细胞形成有弹性的生物可降解支架，在腹部筋膜室综合症损伤后重建筋膜和器官周边的厚纤维组织。利用细胞外基质的诱导特性作为支架来招募自身的干细胞，以重建筋膜室缺损促进肌肉再生。

三、再生医学将成为未来生物科技的重要发展方向

随着军事科技革命的发展，人类战争已进入信息化战争阶段，并有可能在不久的将来进入生物化战争阶段。但无论战争如何“升级”，人的组织器官、神经认知的缺损失能问题始终存在，对再生修复的需求问题也始终贯穿于各阶段战争形态中。综合现代医学科技的发展趋势和美军的动向，

再生医学具有三个重要特征。

一是再生医学是第六次科技革命的重要支柱领域。有专家认为第六次科技革命从科学角度看可能是一次“新生物学革命”；从技术角度是一次“创生和再生革命”，从产业角度是一次“仿生和再生革命”，因此可以看出再生医学将是未来科技革命的重要组成部分。

二是再生医学是人类疗愈的一次重要革命。16 世纪以来，医学发展沿着整体—器官（系统）—细胞—分子的轨迹阐释了人体生理与病理的机制，并在疾病药物治疗、外科手术、人造器官代用品和器官移植等领域取得革命性进展，但对于终末期疾病与组织器官缺失仍缺乏有效治疗手段。作为现代临床医学一种崭新治疗模式，再生医学可以实现人体所有重要组织器官结构和功能的修复，其治疗潜力将推动现代医学发生一次重要的革命，并使其相关学科迅速跨上一个前所未有的高度。

三是再生医学将成为国防生物科技的重要技术手段，再生医学的产品面临突破。人类已逐渐具备操纵生命的能力，如操纵遗传物质、神经系统、生物节律、生物细胞、组织器官、生物生殖、生物性状和生命形式，进而实现生物的再生。美军再生医学研究在烧伤的皮肤枪、创面敷料和 3D 打印皮肤，在骨移植材料、肢体和血管系统等再生领域都取得突破，即将应用于战创伤的救治。可以预期再生医学不仅可以解决军人在各种军事行动中所致的肢体结构残缺、生理机能降低与损毁、认知能力丧失等军事医学难题，而且与生物材料、信息与电子技术的交叉融合，将能够在应对各种环境损伤、提高人体效能等多个方面助力军人的健康与军事作业能力。

（军事医学科学院卫生勤务与医学情报研究所　吴曙霞）

（军事医学科学院野战输血研究所　王韫芳）

韩、美联合生物监测门户症状监测系统设计与经验

由于对生物恐怖威胁的态势感知日益重要，韩、美两国联合建立了一个名为“生物监测门户”（BSP）的联合军事项目，用以加强生物安全监测。BSP的一个重要组成部分是军队实时症状监测（MARSS）系统，该系统能够监测和跟踪自然和人为引发疾病的暴发。

一、症状监测系统建立的背景

（一）生物恐怖威胁不断增加

自2009年流感大暴发以来，传染性疾病爆发的频率达到空前水平，每次爆发都严重威胁着人类健康。除了流行病和其他自然发生的全球性卫生威胁外，随着先进的武器化技术和传播技术的发展而带来不对称威胁的增长，生物恐怖主义也成为持续威胁全球安全的一大隐患。为使韩、美两国协调共同应对上述威胁，两国自2011年开始专门针对生物恐怖主义威胁进行了名为“有效响应”（Able Response）的系列演习。演习的目的是通过开

展双边合作，调动两国政府的力量，提高韩、美双方在面对自然或人为引发的生物威胁事件时的协同应对能力。可见，两国在积极应对可能的生物恐怖主义行动上具有相当的紧迫感。

（二）传染病在全球的扩散加剧

除了特别强调生物防御外，新兴生物威胁所带来的全球风险也在增长，包括抗生素的过度使用、由于气候变化带来的媒介传染病而造成的环境风险转移，以及特别需要担忧的对通过公共交通工具传播的急性呼吸道传染病的快速传播。近期西非爆发的埃博拉病毒和韩国爆发的中东呼吸综合征冠状病毒（MERS－CoV）就体现了疾病在国家间的快速传播。为应对上述挑战，韩国对应对各种各样公共卫生紧急事件的有关计划进行定期评估和改进，同时实施大量演习，并收集抗生素、疫苗等国家战略储备，以及其他物资。

（三）美国需要与其盟国实现生物监测信息共享

多年以来，生物安全同样是美国国家安全的重要组成部分，在2012年美国政府发布《国家生物监测战略》后，美国化生防护联合项目执行办公室开始筹划“生物监测门户”（BSP），将其设计成为一个为生物监测提供所需信息的网络系统，利用已有的多个监测系统，并与其战略同盟共享重要信息。该系统被设计开发成一个使用“Ozone Widget”框架插件（OWF，由美国国会法令要求资源开放的面向大众的网络应用软件）的云环境的非密网络应用工具。考虑到朝鲜半岛可能存在生物恐怖袭击风险，韩国国防部与美国国防部于2014年底合作建立了最初的可操作的“生物监测门户”。该门户的启用旨在促进国际间合作、交流，以及信息共享，以帮助检测、控制和缓解人为或自然发生的生物威胁事件。

在设计2014年“有效响应”演习时，韩、美两国的设计者们确定了疾病监测系统的一个关键需求，即增强在韩国的生物安全监测工作。韩国国防部下属陆军医务部（AFMC）被指定为整合当前现有能力，增强整个公共卫生计划和韩国军方行动的领导部门。为实现上述整合，陆军医务部与包括约翰·霍普金斯大学应用物理实验室（JHAUPL）在内的“生物监测门户”小组开发了一套分析工具，借助“自动化全球生物监测程序包”（SAGES）的能力，检测和追踪军队发生的非正常模式传染病。利用当前军队各卫生信息系统，陆军医务部设计并开发了“军队实时症状监测”系统，用于生物威胁的早期监测和特征分析。其启动军队实时症状监测的目的是将“生物监测门户”的其他态势感知部分整合在一起，形成完整的症状征监测能力。

二、系统监测基于疾病症状分类

系统基于已发布的可武器化病原体的临床效应，通过对8类症状的相应查询，可对军队医院的患者病历进行分类，从而得出每日症状合计数。生物武器可能引发的8类症状包括：类似肉毒杆菌感染样症状、出血热（如病毒性出血热）、发热（如鼠疫、炭疽、布鲁士杆菌）、胃肠道反应（如胃肠型炭疽或土拉杆菌）、流感样症状、神经系统症状（如肉毒毒素、脑炎病毒）和呼吸系统症状（如土拉、鼠疫或炭疽）。通过文献研究和专家组讨论，每日症状被定义为一组“国际疾病分类-10”（ICD-10）代码。依据从韩国国防卫生统计信息系统（DMSIS）截取的2011年1月至2014年5月数据，将这8类症状的全国每日症状数按照时间序列进行研究。一种分级的、经过调整的累积和算法被应用于各症状组，以便发出警示，展开调查。这种算法是对随机植入数据集的1000组虚拟疫情暴发信号的敏感度进行计算，每种信号被分别植入单独的测试。查询及可视化功能改编自“自动化全球生物监测程序包”。研究结果表明，对于感染范围小于50人的疫情爆发，早期预警需要疫情爆发地点地方层级的分析，尤其需要对常见症状组进行分析。建立军队实时症状监测来提高敏感度，需要修正基本的症状诊断代码（设计用以调节局部地区的预警）并增强算法。韩国半岛的生物恐怖威胁要求必须开展此项工作。

三、系统采用标准的军队医院数据进行测试

为确定症状（根据诊断代码的分组，重点强调对生物恐怖主义的监测），给特定症状建立“国际疾病分类－10”（ICD－10）代码组，以及为特定症状确定配有各症状具体参数且有足够弹性和足够能力的检测算法，系统开发小组收集测试数据对该系统进行了研究测试，从而使此监测系统能够作为一种有效的工具用于部队健康防护。

陆军医务部共下设19家军队医院，各医院均采用了“标准国防部电子医疗信息系统”（n－DEMIS），收集和管理电子医疗记录。规模较小的军队医疗机构则采用简化的“电子国防部电子医疗信息系统”（e－DEMIS）。每天午夜24：00，去除身份信息的“标准国防部电子医疗信息系统”信息被传送至“国防部医疗统计信息系统”（DMSIS），将全天的医疗记录整合输入一个单独的数据库。

研究测试数据集收集了2012年1月1日至2014年5月31日的“标准国防部电子医疗信息系统”数据，包括接诊日期、ICD－10代码，以及患者所在地区。这些记录被归类至不同的症状组，这些分组须经由专家组讨论来确认。根据这些分类，每个医疗记录被归入特定症状组。例如，由外伤

引起的症状可能会被归为非传染病症状，而发热的呼吸道症状可能会被归为“发热及呼吸道”症状。在分析一周情况时，将归入各类症状的病历数按时间顺序制成表格。不论何种症状分类，将医疗机构每周的总接诊量按时间序列分割，监控各个症状随时间序列总就诊量的变化。

四、改良的综合预警方法优于以往标准方法

多种统计学算法被用于症状时间序列预警，增强态势感知能力。“军队实时症状监测”系统，采用的是一个经过调整的“累积和控制图”（CuSUM）。这种方法被证实优于标准的“早期异常报告系统”（EARS）的模拟数据流方法。选择计算评估方法时，其决定性因素是军队实时症状监测所强调的生物恐怖主义检测。与监控地方性疾病的发展及流行状况不同，生物恐怖袭击产生的疫情可能传播率较低，或者有时甚至不会造成人群间的传播。正因为几乎没有发生警报对应到真实目标事件的情况，所以军队实时症状监测系统的设计者们决定，只要后台警报率保持在可控范围内，就可以容忍发生报警的阳性预测值较低的状况。至于后台报警率，采纳的是报警重复间隔，也就是警报之间所间隔的平均周数。较长的重复间隔意味着可控的警报调查负荷。

图 1 是一张军队实时症状监测系统的截图，显示了自 2013 年 10 月至 2014 年 2 月流感类症状的日常就诊量，可以看出每周末就诊量均显著减少。依照系统自动时间排序，对每周各天总就诊量进行分级与调整。不同阈值水平可显示显著性的增加幅度，当时间序列标记根据不同阈值水平而变黄或变红时，就会显示警报。如图 1 所示，2014 年初，警报是间歇出现的，提示流感疫情刚刚开始；而 2014 年 1 月底警报开始不断出现，提示已出现流感爆发的高峰。2014 年 1 月 19 日的数值激增发生在显现上升趋势的数天

之后，并延续到了第二天。在随后一周的峰值出现前，2014 年 1 月 19 日的数值增长就是一个可以启动监控并开始进行调查的信号。

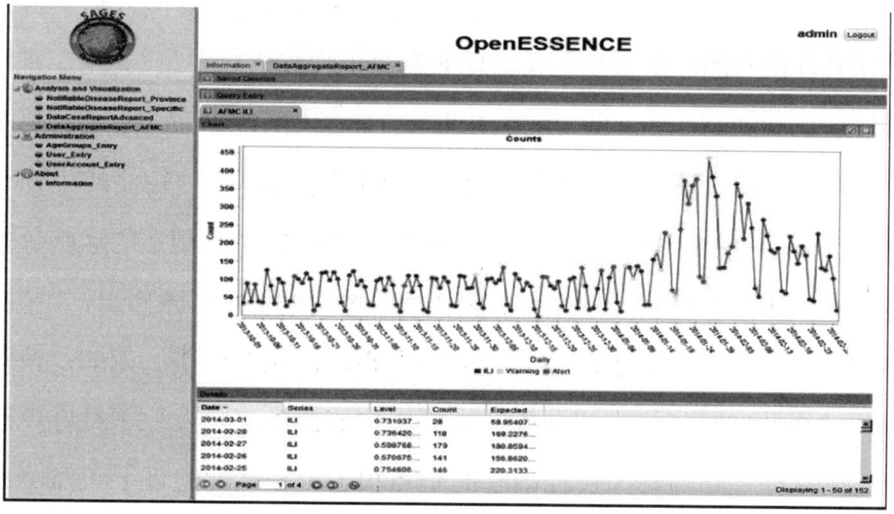

图 1　军队医院实时症状监测系统网站界面

生物监测系统的使用者们通常还有其他职责，所以几乎没时间每天都对数据图进行查看并做出调查决定。因此，一个采用统计学算法的实用系统，会在计算结果超出某个阈值时发出警告，提醒用户需要展开调查。需要指出的是，仅因随机变化而造成的统计误差或与预期效果相去甚远的情况似乎也是合理的。当然，如果在设计中考虑到上述操作建议，经过恰当选择、校正，警报就能够使调查者关注到可能的疫情爆发，同时错报率也处于可接受的水平。

五、特点与分析

近年来，人们在利用基于互联网资源的生物监测系统来检测生物威胁方面已经做出大量努力，其利用互联网新闻媒体、社会服务网络，政府和非政府报告等资源，能够检测可能的威胁。相较上述生物监测系统，“生物监测门户”的优点在于它能将韩、美两国的军用和民用监测数据整合；充分利用其他已有的监测系统，并将其纳入“生物监测门户”；利用含有用户反馈和实施功能训练在内的灵活的开发程序，扩展用户界面和分析工具。

军队实时症状监测系统的设计重点是朝鲜半岛可疑度较高的生物恐怖主义威胁。通过将 ICD－9（来自美国疾病预防控制中心制定的症状分类代码）改编为 ICD－10 代码，并经有编码实践经验的韩国军医修正，“军队实时症状监测系统”扩展了此前美国疾控中心对症状的分类。例如，按时间序列由“军队实时症状监测系统”推算出的流感类症状发生率良好地对应了韩国陆军医务部与韩国疾控中心的哨点报警率，从而验证了该监测系统的早期预警效果。但在各症状时间序列植入更多具体信号的模拟中发现，在仅依靠症状信息的情况下，要想及时得到小规模疫情爆发的高敏感度信息，还需要更多精确的机构数据和监控。

（军事医学科学院卫生勤务与医学情报研究所　赵晓宇　刘术）

美军使用基因药物增强军事作业能力

随着基因组学和基因改造技术的迅速发展，基因兴奋剂的使用在体育界已经不是秘密。虽然国际体育界严厉禁止基因改造或“基因兴奋剂”的使用，但这类技术却可能应用于提高士兵的作战效能，有望实现所谓的“超级士兵”。美军对增强药物的研究包括使用兴奋剂提高耐力、使用合成代谢激素提高体能、通过服用血液兴奋剂和其他手段增加血液氧运输能力等。

一、基因兴奋剂引发军队关注

世界反兴奋剂机构（WADA）将基因兴奋剂定义为“非治疗性使用基因、遗传元件、细胞等以提高运动成绩”。基因兴奋剂通过操纵生物过程中最基本的DNA元件，提高人体的速度、力量和耐力，且效果远大于天然的饮食和训练。第二次世界大战以来，美军就积极探索药物增强士兵军事作业能力研究。早期主要集中在激素、营养补充剂和兴奋剂类药物提升士兵效能。20世纪70年代，美军在其作战概念中提出，希望利用药物手段如

“勇敢药物”“聪明药物”和“耐力药物”等提升士兵效能。而随着各国军队大力发展行动更敏捷、规模更小、战斗力更强的作战部队以及特种部队，军队开始关注利用基因兴奋剂提高单兵能力，通过精心设计的遗传生理改造方案完全可以打造出超级士兵。目前，在基因兴奋剂增强生理效能的几个关键领域已经取得了不少科学进展，包括耐力、力量、疼痛耐受性、能量水平、血管生成等。

二、基因兴奋剂的主要军事应用

（一）增强士兵耐力

人类很早就利用天然咖啡因和古柯叶等来提升耐力、应对睡眠不足而造成的认知障碍。咖啡制品长期以来一直是最重要的天然效能增强剂，也是美军作业医学研究的重点。早在1863年，美军就曾分析过咖啡因在葛底斯堡战役中对游骑兵作业能力的影响。与安非他命相比，大剂量咖啡因被认为是更有效的作业能力增强剂，不会引起服用者的情绪变化。

1. 安非他命和苯丙胺

20世纪30年代，安非他命和甲基苯丙胺等药物出现，并在第二次世界大战期间广泛应用，在一定程度上增强了士兵的信心，提升了士气，增强了战斗能力。美军对600名士兵进行为期5天的睡眠剥夺研究，发现苯丙胺（10mg规格）能使士兵在睡眠剥夺3天后保持清醒，安非他命能使士兵在满脚血泡时不顾个人安危继续行军。第二次世界大战期间，这些药物所带来的动力对美军来说是一种有效的效能增强剂。但美军卫生部门一直担心安非他命类药物的副作用，德军认识到甲基苯丙胺可能存在的问题而停止士兵使用，而美军及盟军在第二次世界大战和朝鲜战争期间继续使用安非他命。20 世纪 80 年代以来，美军研究已经明确了睡眠剥夺和连续作业环境中使用兴奋剂的效果。睡眠剥夺对多项心理任务会产生影响，包括道德判断、面部表情识别、嗅觉功能、甚至幽默欣赏等。同时对比了安非他命、莫达非尼和大剂量咖啡因在睡眠剥夺模型中的作用。虽然3 种药物都能维持士兵的72 小时清醒，安非他命在刺激个人冒险行为方面尤其具有独特效果，但随着睡眠剥夺时间的延长，高级皮层功能受损越来越显著。

2. 自体血液再输注

美军开展了一系列特殊作业环境下自体血液再输注的研究。研究表明，自体血液再输注对耐力和高海拔与水下作业的生理能力具有显著增强作用。男性受试者输注 2 个单位的红细胞能够增加 10% 的血比容和红细胞体积，最大耗氧量增加 10% 。与对照组相比，输注自体血液的人员在 10 天高强度训练后依然优势明显。另外一项研究表明，在高海拔环境下自体输入血液的士兵在最大有氧能力衰减后，不再具有优势。综合这些研究结果，红细胞增多确实能够增进机体效能，但只是部分增加供氧能力。营养不良人群在增加血红蛋白后能显著提高作业能力，但健康个体的统计学差异不显著。人体剧烈运动后的心血管反应非常复杂，提高血比容产生的作业能力优化尚无法明确。合成代谢类固醇也曾被认为可以增加红细胞的生成，但并没有数据支持合成代谢类固醇对健康男性有效。

3. 血液兴奋剂

保持持续有氧作业状态是人类生存的基础和独特技能。这种能力一部分源于通过出汗进行有效调节，另一方面在耐力活动以及高海拔作业中，有氧状态来自于组织供输的能力。增强耐力及高海拔作业能力的策略包括血液兴奋剂、血管扩张药物（如西地那非）、红细胞生成（如重组人红细胞生成素），以及高海拔或缺氧密闭舱室环境下睡眠和训练适应等。血液兴奋剂在国际自行车比赛中的使用已经众所周知，运动员通过注射促红细胞生成素（EPO）来增加耐力。EPO 本身并不属于基因兴奋剂，它能够增加血液中红细胞的数量和向肌肉输送氧气的能力，从而大大增强运动耐力。基因兴奋剂则是通过病毒载体将外源性 EPO 基因输入士兵体内，随后增加血液载氧能力，提高人体耐力性能。这对于士兵巡逻、长距离侦察或参加长期战斗都特别有价值。基因兴奋剂所产生的血液 EPO 水平远远超过训练有素运动员的自然生成。此外，缺氧诱导因子（HIF）也可以增加红细胞生成并增加细胞能量，该蛋白质能够调节低氧环境下的活动。HIF 基因改造适用于高原山地作战士兵，可大大消除高原反应的不利影响。此外，还可以通过基因兴奋剂改造慢肌纤维的表达。当 δ 型过氧化物酶体增殖物激活受体（PPAR－δ）在转基因小鼠骨骼肌内活性表达时，其奔跑耐力比自然同类提高一倍。因此，对士兵进行 PPAR－δ 基因转染，可能通过增加慢肌纤维氧化比例而提高耐力。

4. 其他药物

美军经过多年研究，认为没有什么药物能够完全代替睡眠。国防高级研究计划局开展的“持续保持军事作业能力”项目，希望能够维持睡眠剥夺7 天人员的效能，但以失败告终。美军还开展了褪黑素在时差调整和轮班工作中保持睡眠同步的一系列研究，但这些研究同样失败了，因为没有得到精神心理方面的可靠支持。目前，美军关于作业能力提高的观念是要尽量抓住任何机会进行恢复性睡眠，从而避免部署士兵携带唑吡坦促进睡眠的问题。最新研究发现，神经肽对睡眠和作业能力有一定的效果，但美军吸取以往教训，已经不再热衷于通过“药物分子”来解决所有的疲劳问题。

（二）增强士兵力量

力量对于士兵执行任务和作战必不可少，对于参加近距离作战和格斗的特种部队士兵更为重要。

1. 合成代谢激素

20世纪三四十年代，伴随着类固醇激素的发现和合成，以及胰岛素和甲状腺素的出现，加上有传言德国空军使用糖皮质激素抗疲劳和抗缺氧，糖皮质激素成为第二次世界大战前后美军科研与经费优先资助项目，甚至不惜牺牲青霉素和抗疟药的研发。最终研究证明合成类固醇激素对缺氧和情绪调节无效，而且可通过激活皮质类固醇受体导致所谓的“类固醇癫狂”。第二次世界大战期间，德军曾经使用代谢类固醇来提升军人力量。20世纪70年代，健身爱好者和健美运动员为了塑造肌肉力量，大剂量服用多种合成雄性激素，科学界就其提高生理效能与潜在风险进行了讨论，但一直没有系统开展军人服用合成代谢类固醇与作业能力优化关系的研究。

合成代谢类固醇对于举重运动员来说作用很大，但对于士兵作业能力仍缺乏科学依据。近年来对老年男性的雄性激素研究表明，士兵在高密度高强度训练后应用雄性激素可能有助于提高恢复能力，但目前并未得到进一步证实。另一方面，女性服用合成代谢类固醇后会产生典型的男性特征，为了提高作业效能而改变人体生物学本性存在伦理学质疑。美国1990年颁布了《合成代谢类固醇控制法案》，禁止非医学目的使用合成代谢类固醇，1990—1991年海湾战争期间美军未按核准剂量服用药物，国会为此通过了《伯德修正案》，对于军队非医疗目的用药设置了更高的标准。

2. 其他药物

基因兴奋剂的发展为增加肌肉大小和强度提供了不同的选择，例如，生长激素（GH）可对人体骨骼肌肉中的蛋白质和结缔组织产生代谢影响，重组生长激素已经在体育运动中被用作兴奋剂。胰岛素样生长因子1（IGF－1）是一种刺激细胞增殖、生长和分化的蛋白质，已有研究发现，骨骼特异性表达IGF－1能够显著增加小鼠肌肉超量生长，逆转老年性肌肉萎缩并帮助肌肉恢复。未来使用病毒载体将 IGF－1 基因转移到人体肌肉内，可对人体肌肉大小和强度产生很大影响。肌肉生长抑制素（Myostatin）是肌肉质量的负调节蛋白，可以“关闭”肌肉生长，当小鼠体内的肌肉生长抑制素基因被阻断，观察到肌肉肥大与肌肉力量增强。阻断方式包括增加肌肉生长抑制素的拮抗剂——卵泡抑素（Follistatin）的表达，或利用人源化单克隆抗体，从而有可能让士兵迅速增加肌肉质量。

（三）其他方面

1. 促进血管生长

血管内皮生长因子已被研究证实能够增加外周动脉疾病患者的新血管生成。新血管数量的增加可以提高输送到心脏、肝脏、肌肉和肺部的血流量、氧气与营养物质，从而降低或延迟人体的疲劳与衰竭。与耐力的遗传改造类似，促进血管生成可以使士兵的体能更持久，延长他们执行军事任务能力，最终提高其战斗力。

2. 提高疼痛耐受性

如果向士兵体内引入能够产生镇痛内啡肽和脑啡肽的基因，就可以提高士兵的疼痛耐受阈值。这类基因对急性或慢性损伤、连续体力运动后乳酸积累所产生的肌肉酸痛，都能同样发挥作用。这些体内天然产生的麻醉性多肽可以取代消炎和抗疼痛药物的使用，从而在执行任务时减少这类物资的携带，同时减轻士兵的身体不适和疼痛。

3. 增加能量供应

改进人体代谢效率和性能也能够提高士兵战备水平和战斗力。腺苷三磷酸（ATP）是所有细胞过程的直接能量源，ATP 主要来自三羧酸循环电子传递链和糖酵解。细胞能量的 80% 来自线粒体，线粒体历经数百万年进化已经形成了非常高效的能量生产途径并具有相似的结构特征，但仍存在细胞、组织和个体差异。代谢组学研究可以快速分析士兵个体的血液化学指标，并以此作为基准量身定制个性化的效能强化因素，如饮食和训练。未来，基因工程则有望提供更多的改进机遇。例如，代谢工程可以改造特定的生化反应、引入新的生化路径、定向改进细胞过程等增加 ATP 的合成。还可以对 ADP 转运蛋白进行遗传操作，提高其运输效率，从而使更多的 ADP 磷酸化产生 ATP。此外，通过遗传工程增加呼吸体等呼吸链超级复合物，也可以提高 ATP 的产生，而这是提高代谢效率最有潜力的领域。

三、结论

目前，生命科学飞速发展，通过遗传操作改进个体效能和健康不可避免，各国军队为了谋求不对称性优势，必然会将其用于提高士兵的作战能力。各种基因工程技术或“基因兴奋剂”手段，将有望超越传统的饮食、训练等自然方法，大大提高士兵效能，最终打造出更快、更强、能量更足、更耐痛的超级士兵。

但同时也可以看到，增强特定效能对于运动员是非常重要的，而对于军人，这种优势还需要进一步探讨，为此，美军强调通过药物来提升人体效能以完成任务、适应武器装备还需要深入论证。如肌肉生长增强剂对于需要肌肉极端粗壮的举重运动员来说是非常有效的，而对于军人来讲肌肉极端粗壮反而可能会影响速度、敏捷性和自身温度调节。此外，人体生理的优化和调节还会带来一系列伦理学问题，美军在关注基因药物的同时，也致力于研发“外皮肤”等物理辅助技术（如喷气背包、外骨骼、防弹衣等）来获得超级效能。

（军事医学科学院卫生勤务与医学情报研究所　李长芹　楼铁柱　刁天喜）

寨卡病毒防控产品研发进展

在全球化背景下，传染病的无国界传播引起人们的广泛关注。国际社会越来越重视传染病问题给国家传统安全和非传统安全带来的影响和后果，世界主要国家对传染病的防治也越发重视。2016 年全球最受关注的疫情是寨卡病毒疫情。寨卡病毒于 1947 年首次在乌干达发现，2007 年在太平洋岛国密克罗尼斯亚发现寨卡病毒暴发疫情，其后寨卡病毒感染病例和暴发疫情的国家及地区有增加趋势。2015 年 5 月，巴西报告首例寨卡病毒感染病例，随后寨卡病毒疫情在全球蔓延，巴西等国的小脑症患儿也随之明显增加，引起了国际社会的广泛关注。由于对寨卡病毒的认识和研究尚处于起步阶段，为了更好地控制寨卡病毒疫情，世界卫生组织设立了紧急研发和发展计划，并于 2016 年 3 月公布了寨卡病毒防控产品的研发进展。

一、检测诊断产品已获批使用

对疑似患者体内的寨卡病毒基因、蛋白或体内产生的抗体进行早期检测分析，可以尽早地对患者进行诊断与治疗。现阶段寨卡病毒体外诊断试剂盒仍均处于研发阶段（表1），主要方法有核酸检测法、ELISA检测法和试纸检测法。世界卫生组织专门建立了紧急使用评估（EUAL）程序，对寨卡病毒检测诊断试剂盒的质量、安全性和性能进行独立评估，以确定寨卡诊断试剂盒的紧急生产和使用，并为联合国和各成员国的公共卫生机构采购提供指导。

表1　检测诊断试剂盒研发进展情况

1. 核酸检测		
研发机构	产品	研发进展
德国 Genekam 公司	PCR 检测试剂盒：寨卡病毒 PCR 试剂盒 FR325 和 FR340；寨卡病毒、登革热病毒和基孔肯雅病毒 PCR 检测试剂盒 FR342	FR325 和 FR340 可以在科研中使用；数据已提交给监管部门，如欧盟 CE 认证、美国 FDA 和 WHO（进行紧急使用评估）
马耳他 Fast－track Diagnostics 公司	PCR 核酸检测试剂盒：靶基因是 NS5，能检测亚洲型寨卡病毒和非洲性寨卡病毒	可以在科研中使用；2016 年 2 月获欧盟 CE 认证；计划向美国 FDA 提交紧急使用申请
德国 Altona－diagnostics 公司	寨卡病毒 RT－PCR 检测试剂盒，检测寨卡病毒特定序列 RNA	2016 年 2 月获欧盟 CE 认证；已向 WHO 提交使用评估申请
美国 GenArraytion 公司/美国 Luminex 公司	多通道微珠分析芯片：寨卡病毒（4 通道）、登革热病毒、基孔肯雅病毒、西尼罗河病毒、黄热病毒、恶性疟原虫	
英国 Genesig 公司	寨卡病毒多聚蛋白基因 PCR 检测试剂盒	
美国 MyBioSource 公司	寨卡病毒 RNA PCR 检测试剂盒	
丹麦国家血清研究所	PCR 检测服务	
中国上海之江生物科技股份有限公司	寨卡实时定量 PCR 检测试剂盒，检测 RNA	向 WHO 提交紧急使用评估申请

（续）

1. 核酸检测		
美国 Co - Diagnostics 公司	寨卡病毒核酸定性 PCR 检测试剂盒	可以在科研中使用；计划向美国 FDA、印度监管部门提交申请，向 WHO 提交紧急使用评估申请
巴西 Fiocruz 研究所	寨卡、登革热和基孔肯雅病毒多重 PCR 检测试剂盒	
新加坡实验治疗中心（ETC）	研发多重 PCR 检测试剂盒，可以用于实验室，检测目标是登革热、基孔肯雅和寨卡病毒	计划向新加坡卫生科学局、欧盟和美国 FDA 提交申请
新加坡 VELA Diagnostics 公司	寨卡、基孔肯雅和登革热多重 RT - PCR 诊断检测试剂盒	
美国 Vista Therapeutics 公司	Vista 纳米生物传感器，通过纳米技术鉴定病毒颗粒	
韩国 SD Biosensors 公司	寨卡 PCR 检测试剂盒	
韩国 SolGent 公司	寨卡、登革热和基孔肯雅多重 PCR 检测试剂盒	
2. ELISA 检测		
德国 Euroimmune 公司	抗寨卡病毒间接免疫荧光法（IgM 或 IgG），利用寨卡病毒感染的细胞作为抗原底物，由荧光显微镜评估阳性或阴性结果	获得欧盟 CE 认证；获得巴西药监局批准；在美国批准用于科研；正在以下国家进行注册：澳大利亚、委内瑞拉、秘鲁、萨尔瓦多、加拿大、巴拉圭、厄瓜多尔、墨西哥和塞尔维亚
德国 Euroimmune 公司	抗寨卡病毒 ELISA（IgM）试剂盒，全自动化抗体检测，包被底物为重组寨卡病毒蛋白	获得欧盟 CE 认证；向巴西药监局提出注册申请；向 WHO 提交紧急使用评估申请；在美国批准用于科研；正在以下国家进行注册：澳大利亚、委内瑞拉、秘鲁、萨尔瓦多、加拿大、巴拉圭、厄瓜多尔、墨西哥和塞尔维亚

（续）

2. ELISA 检测		
德国 Euroimmune 公司	抗寨卡病毒 ELISA（IgG）试剂盒，全自动化抗体检测，包被底物为重组寨卡病毒蛋白	获得欧盟 CE 认证；向巴西药监局提出注册申请；向 WHO 提交紧急使用评估申请；在美国批准用于科研；正在以下国家进行注册：澳大利亚、委内瑞拉、秘鲁、萨尔瓦多、加拿大、巴拉圭、厄瓜多尔、墨西哥和塞尔维亚
美国 MyBiosource 公司	检测寨卡 IgM 的双抗原夹心 ELISA 试剂盒	
美国 MyBiosource 公司	检测寨卡 IgG 的双抗原夹心 ELISA 试剂盒	
美国疾病预防控制中心	寨卡 IgM 抗体检测（抗体捕捉 ELISA 法）	2016 年 2 月 26 日获得美国 FDA 紧急使用授权，能用于有资格的实验室，但不能在美国医院或其他初级保健机构使用
韩国 SD Biosensors 公司	寨卡抗原、IgM、IgG	研发中
3. 快速诊断试纸检测		
加拿大 Biocan 公司	混合寨卡病毒 NS1 蛋白和薄膜蛋白，用于 IgG 和 IgM 的检测	已批准在巴西销售
加拿大 Biocan 公司	检测登革热 IgG/IgM 抗体与 NS1 抗原、基孔肯雅 IgG/IgM 抗体、寨卡 IgG/IgM 抗体	
巴西 Orangelife 公司	寨卡病毒抗原/抗体检测	
法国 NG Biotech 公司	寨卡病毒抗体检测	研发中，计划向欧盟 CE 认证和美国 FDA 提交申请
美国 InBios 公司	寨卡病毒抗原检测	最初将用于科研；计划向欧盟 CE 认证提交申请，向 WHO 提交紧急使用评估申请，向美国 FDA 提交紧急使用授权申请

（续）

3. 快速诊断试纸检测		
韩国 SD Biosensors 公司	寨卡 NS1 抗原、寨卡抗体、寨卡 IgG/IgM 检测	研发中，计划向韩国食品药品安全部（MFDS）提交自由销售证书申请，向 WHO 提交紧急使用评估申请
注：还有一些诊断开发商和企业正在考虑或积极研发寨卡病毒诊断试剂盒，但是没有细节		

二、药物研发进入临床试验阶段

目前，药物研发的重点是针对特殊群体的治疗性药物，如先天性感染婴儿、长期携带者和有自身免疫性疾病的患者。此外，由于孕妇是寨卡病毒感染的高危人群，而孕妇不太可能优先考虑治疗性药物。因此，小分子预防类药物（类似于疟疾预防和单克隆抗体的被动免疫）也是现阶段的优先发展重点，其他需要优先考虑的因素还包括是否对小脑症、格林—巴利综合征和其他并发症有效（表2）。

表2　治疗性药物研发进展情况

治疗药物	对寨卡或其他黄病毒的治疗效果	体外或体内数据（EC50、特异性指数 SI、细胞型）	安全性/孕妇能否使用	可用性/可行性
阿莫地喹	未知	登革热：BHK－21 细胞，EC90＝2.7 微摩	认为不会导致畸形；偶尔会出现严重不良事件（中性粒细胞减少、粒细胞缺乏症、肝毒性）；长期使用会有 CYP2C8 基因突变	广泛应用于疟疾的预防；认为对埃博拉患者有抗病毒作用

（续）

治疗药物	对寨卡或其他黄病毒的治疗效果	体外或体内数据（EC50、特异性指数 SI、细胞型）	安全性/孕妇能否使用	可用性/可行性
氯喹	不能降低成年人的登革热病毒血症	登革热：vero 细胞，0.5 微克/毫升；对 C6/36 细胞无效	安全	广泛应用于疟疾的预防；现成
病毒唑	对非人灵长类动物的登革热无效，可降低仓鼠黄热病的致死率	寨卡：vero 细胞，EC50 = 140 微克/毫升，SI > 55；登革热：vero 细胞，EC50 = 20 微克/毫升，SI > 400；黄热病：vero 细胞，EC50 = 140 微克/毫升，SI > 55；	产生畸形	现成
α 干扰素	对婴儿乙型脑炎病毒无效	乙型脑炎病毒：Vero 细胞，EC50 = 4.8IU/毫升，寨卡病毒：Vero 细胞，EC50 = 34IU/毫升		
美国 Biocryst 公司的 BCX4430	剂量依赖性降低仓鼠的黄热病死亡率	黄热病：Vero 细胞，EC50 = 8.3 微克/毫升；登革热病毒：Vero 细胞，EC50 = 13 微克/毫升，西尼罗河病毒：Vero 细胞，EC50 = 16 微克/毫升	Ⅰ期安全性试验已经完成，没有致畸性	
美国 Gilead 的 GS - 5734			Ⅰ期安全性试验已经完成，没有致畸性	
NITD008	剂量依赖性降低小鼠 2 型登革热的病毒血症和死亡率	登革热：EC50 = 3 微摩；西尼罗河病毒：EC50 = 5 微摩；黄热病：EC50 = 3 微摩	没有关于人的安全性数据	

（续）

治疗药物	对寨卡或其他黄病毒的治疗效果	体外或体内数据（EC50、特异性指数 SI、细胞型）	安全性/孕妇能否使用	可用性/可行性
单克隆抗体	希望通过被动免疫提供短期保护		单克隆抗体进行被动免疫不会出现安全性问题，除非有抗体介入的病理学	由于半衰期短、花费高，因此不适合广泛使用

三、疫苗研发处于临床前研究阶段

寨卡病毒属于黄病毒科，与四种登革热病毒密切相关，有较强的血清学交叉反应。基因分型和地理分析表明寨卡病毒分为亚洲型和非洲型两种，但序列同源性高，临床和血清学相关性还不清楚。理论上，可以运用已经成功研发的人类黄病毒（如黄热病、蜱传脑炎、乙型脑炎和登革热）疫苗的技术研发寨卡病毒疫苗。

WHO 对商业、政府、学术等机构开展的寨卡病毒候选疫苗的发展进行了分析。正在研发的疫苗大部分是在现有的黄病毒疫苗技术的基础上进行研发的。所有研发疫苗均处在临床前阶段，有一些已经持续了数月（表3）。

表3　疫苗研发进展情况

研发机构	主要技术	研究进展
印度巴拉特生物技术公司	纯化的灭活病毒疫苗、含 pRME 蛋白的病毒样颗粒疫苗	开始动物实验
巴西 Bio – Manguinhos/Fiocruz 公司	纯化的灭活病毒疫苗、YF17D 重组嵌合疫苗、病毒样颗粒疫苗、DNA 疫苗	启动
巴西布坦坦研究所	重组登革热活病毒疫苗、纯化灭活病毒疫苗	启动

（续）

研发机构	主要技术	研究进展
美国疾病预防控制中心（CDC）	表达病毒样颗粒的 DNA 质粒疫苗、活的重组腺病毒疫苗	启动
美国 Hawaii Biotech 公司	表达重组蛋白的昆虫细胞系疫苗（加铝佐剂或其他佐剂）	启动
美国 Inovio 公司/韩国 GeneOne 公司	DNA－电穿孔	开始动物实验
法国巴斯德研究所	慢病毒载体疫苗、麻疹病毒载体疫苗	启动
法国 Valneva 公司	纯化灭活病毒疫苗	将于 2018 年开展临床研究
美国国立卫生研究院	靶向突变减毒活疫苗、DNA 疫苗、活重组水泡口炎病毒疫苗	启动
美国 Novavax 公司	E 蛋白纳米颗粒疫苗	开始动物实验
英国 Replikins 公司	多肽疫苗	开始动物实验
法国赛诺菲（Sanofi）公司	以黄热病毒减毒株 YF17D 为载体的重组嵌合疫苗	启动
奥地利 Themis 公司	活麻疹疫苗病毒载体疫苗	启动
法国 Valneva 公司	纯化灭活疫苗	启动

四、蚊媒控制可有效阻断疾病传播

媒介传播疾病占全球传染病的 22%。当疾病没有有效的疫苗或治疗药物时，蚊媒防治是唯一的方法，它能够减少或阻断疾病传播。

目前正在开发的蚊媒防治新工具包括：①机械方法，如诱蚊诱卵器；②化学方法，如在室外喷洒杀虫剂；③生物学方法；④遗传学方法。不同蚊媒控制相结合可以更加高效和无害（表 4）。

表 4　蚊媒防制方法

<table>
<tr><td colspan="2">防制途径</td><td>进行试验的国家</td></tr>
<tr><td colspan="2">机械方法</td><td>孟加拉国、巴西、马来西亚、秘鲁、波多黎各、泰国</td></tr>
<tr><td colspan="2">化学方法</td><td>喀麦隆、哥伦比亚、印度、马来西亚、秘鲁、韩国、美国、委内瑞拉</td></tr>
<tr><td rowspan="4">生物方法</td><td>苏云金芽孢杆菌</td><td>马来西亚</td></tr>
<tr><td>沃尔巴克氏体</td><td>澳大利亚</td></tr>
<tr><td>真菌控制措施</td><td>澳大利亚、英国</td></tr>
<tr><td>使用桡足类食肉动物作为捕食者</td><td>美国、越南</td></tr>
<tr><td rowspan="4">遗传学方法</td><td>昆虫不育技术</td><td>意大利、印度尼西亚和毛里求斯</td></tr>
<tr><td>释放带显性致死基因昆虫（RIDL）</td><td>巴西、开曼群岛、马来西亚</td></tr>
<tr><td>RNAi 介导的不孕技术</td><td>加拿大</td></tr>
<tr><td>归巢核酸内切酶基因</td><td>法国、意大利、美国</td></tr>
</table>

五、分析与结论

面对严峻的寨卡疫情，美国和欧洲等国家迅速启动寨卡疫情响应机制，从政策、资金和技术等方面大力支持防控产品研发，多项寨卡防控产品取得实质性进展。目前，加拿大已有诊断试纸获批在巴西销售，美国、德国、韩国等国家已经有多家公司的检测试剂盒处于研发阶段，美国已有2 种药物进入临床试验阶段，美国、印度、法国等国家的多项疫苗研究已经进入Ⅰ期临床或动物研究阶段。但需指出的是，目前对寨卡病毒的感染机制、临床进展及发病机制还缺乏足够的认识，药物和疫苗的上市需经历漫长的临床试验，因此寨卡药物和疫苗正式获批上市并广泛应用还尚需时日。

（军事医学科学院卫生勤务与医学情报研究所　陈婷）

美国疫苗与药物快速生产项目与研究进展

疫苗是人类对抗传染病的重要武器。疫苗的研制虽然取得了长足的进步，但仍然面临不小的挑战，其中一个难题是传统的疫苗生产工艺耗时较长，不能很好地应对突发疫情。

美国军地双方约在10年前即开始重视这一问题。2007年12月，美国国家科学基金会（NSF）、美国国立卫生研究院生物医学影像学与生物工程学研究所（NIBIB）、美国商务部国家标准与技术研究院（NIST）、美国农业部（USDA）共同赞助，世界技术评估中心（WTEC）发布了《关于研发疫苗快速生产技术的国际评估》报告。该报告主要评估了欧洲的快速疫苗生产方法、技术和监管程序，将其与美国的研发项目进行比较，最终对美国相关领域的研发与管理提出建议。

由于疫苗与药物的快速生产是美军长期重点关注的研究领域，2016年DARPA启动了一个新的应对快速进化病毒病原体的项目，同时，美国军地联合研发快速定制、光谱应对的RNA疫苗也在2016年取得了重要成果。

一、DARPA启动应对快速进化病毒病原体项目

2016年4月28日，美国国防高级研究计划局生物技术办公室发布公告

称，将启动一项名为“干预并共同进化的预防和治疗”（INTERfering and Co－Evolving Prevention and Therapy，INTERCEPT）的新项目，旨在开发应对新型病毒病原体的预防性疫苗和抗病毒药物。

（一）项目概述

当前的预防性疫苗和抗病毒药物主要是针对现有的、静态的病毒性病原体。但是随着时间的推移，病毒会发生变异和进化，快速进化的病毒将改变或异构化表面抗原，使其对多种疫苗和药物产生耐药性，从而导致医疗救治成本升高、快速应对新型病毒病原体的能力受限，以及公共卫生危险增大。TIP（Therapeutic Interfering Particles）是一种基于病毒的治疗性干扰颗粒，可以寄生、干扰靶标病毒并与病毒协同进化，有可能会成为一种自适应性预防、控制并消除急性或慢性感染的手段。INTERCEPT 项目旨在探索和评估 TIP 作为治疗性或预防性方法的潜力，用以长期控制各类快速进化病毒。

该项目将纳入多学科交叉的研究团队，利用新的分子和遗传设计工具、高通量基因组技术、先进计算方法，探索 TIP 作为潜在的治疗或预防性平台，如何实现与快速进化的病原体保持同步。基于此，INTERCEPT 项目将重点关注 4 个关键技术挑战：①安全性和有效性，即是否能够建立安全的 TIP 并竞争超越病原体，可短期控制感染；②协同进化，即 TIP 是否可以与不断变化的病原体协同进化并保持同步，可长期控制感染；③群体规模效应，即 TIP 是否可以与病原体共同传播，从而控制传染病在人群中的传播；④普遍性，即 TIP 概念是否可以扩展到多种病毒，治疗与预防多种急慢性传染病。

（二）技术领域

INTERCEPT 项目分为 3 个主要技术领域：①TIP 工程和筛选；②TIP 长

期安全性、效力和协同进化的优化；③数学建模。这3 个技术领域将同时开展研究。

1. TIP 工程和筛选

该技术领域的研究目的是制备 TIP 原型，通过短期体外试验验证其安全性和广谱效力。从 DARPA 所提供的病毒病原体清单（表 1）中选择一个或多个病原体，描述构建多个病毒特异性 TIP 原型候选物的技术方法，并使用常规的体外方法对 TIP 进行短期安全性和效力的测试。这些病毒病原体包括美国国立过敏和传染病研究所（NIAID）确定的 A、B、C 类病原体，目前可用的疫苗或药物有限。此外，将使用数据、模型和合理解释来阐述选择病毒候选物的理由，包括 TIP 疗法成功的可能性、TIP 设计开发与优化的合理路径、合适的测试模型的可获取性或易于开发性。

表 1　DARPA 感兴趣的病毒病原体清单

高优先级病毒病原体			
登革病毒	SARS 冠状病毒	埃博拉病毒	JC 病毒
寨卡病毒	MERS 冠状病毒	克里米亚—刚果 HV	BK 病毒
汉坦病毒	拉沙病毒	Lujo 病毒	查帕雷病毒
尼帕病毒	胡宁病毒	马秋波病毒	瓜纳里多病毒
亨德拉病毒	萨比亚病毒	杯状病毒	西尼罗河病毒
裂谷热病毒	圣路易斯脑炎病毒	拉克罗斯脑炎病毒	加州脑炎病毒
西马脑炎病毒	东马脑炎病毒	肠道病毒 68 型	肠道病毒 71 型
基孔肯雅病毒	丙型肝炎病毒	单纯疱疹病毒	艾滋病毒
日本脑炎病毒	委内瑞拉马脑炎病毒	流感病毒	戊型肝炎病毒
克里米亚—刚果出血热病毒	马尔堡病毒	发热伴血小板减少综合征病毒	Heartland 病毒
鄂木斯克出血热病毒	Alkhurma 病毒	科萨努尔森林病毒	蜱传脑炎黄病毒复合体

2. TIP 长期安全性、效力和协同进化的优化

该技术领域旨在解决 TA1 开发的 TIP 原型的长期效力、安全性、进化稳定性和传播性，以及 TIP 对野生型病毒进化、维持和传播的长期影响。研究过程中可以选择直接在动物模型中测试所选的 TIP 原型，而无需在体外系统中进行长期动力学评估（选择这一方案应该有充分的理由）。

3. 数学建模

已有数学模型的研究报道了可以描述野生型病毒和 DIP 在单细胞、宿主和群体水平的动力学。INTERCEPT 项目的一个关键内容就是开发一个定量的、多尺度的电子模型，可以绘制与预测野生型病毒、TIP 和宿主之间相互作用的长期协同进化动力学。利用现有的病毒进化和传播数学模型，预计 INTERCEPT 项目开发的模型将会超越标准的病原体—宿主动力学，纳入 TIP 的动力学，并考虑到在任何时间内，宿主和群体中共同存在大量的野生型病毒和 TIP 变种。

（三）研究周期

DARPA 计划为 INTERCEPT 项目提供长达 4 年的研发资助，分为 2 个阶段，每个阶段为期 2 年。第一阶段：需要对 TIP 的安全性、广谱效力、病原体协同进化进行初步的概念验证。研究将采用病毒感染的体外和体内模型，以及 TIP—病原体—宿主动力学的数学模型。第二阶段：将专注于 TIP 长期安全性和有效性的验证、长期协同进化研究、TIP 协同传播动力学研究，并应用于群体规模的疾病控制。

二、美国军地联合研发快速定制、广谱应对的 RNA 疫苗

改进现有疫苗、研制新型疫苗和开发联合疫苗是当今世界疫苗领域的

主攻方向，用新技术疫苗替代、改造传统疫苗是一个非常活跃的领域。2016 年，美国怀特海德生物医学研究所，美国陆军传染病医学研究所，麻省理工学院、哈佛大学等单位的研究人员联合开发出一种新类型的、可以轻松定制并能够在一周内制造出来的疫苗，从而可以快速地将其部署以应对疾病暴发。迄今为止，他们设计出抵抗埃博拉病毒、H1N1 流感病毒和刚地弓形虫（Toxoplasma Gondii）的疫苗，而且这些疫苗在小鼠体内测试时是 100% 有效的。

（一）研发背景

首先，传统基于病毒的疫苗研发和生产非常复杂，当一种意料之外的病毒毒株出现时，无法做到快速应对，2009 年甲型 H1N1 流感大流行就很好地印证了这一点。现有疫苗技术有效性和安全性有待进一步提高。根据传统和习惯，疫苗主要分为灭活疫苗、减毒活疫苗、亚单位疫苗（含多肽疫苗）、核酸疫苗等，但每一类都具有缺陷与不足。灭活疫苗安全性好，但免疫原性弱。减毒活疫苗能够在宿主体内提供持久免疫力，但存在毒力恢复和生产污染等安全性问题。重组亚单位疫苗，可以更迅速地合成，不会发生毒力恢复或遗传毒性的风险，但往往免疫原性较低。DNA 基因疫苗稳定性好，成本低，但存在发生突变整合到患者基因组的风险。

其次，纳米颗粒递送工具的发展为成功研发可定制 mRNA 纳米疫苗提供了可能。mRNA 复制子是一种可自我复制的核酸，可以大大提高编码蛋白质的产生，形成持续性翻译。这一能力可以通过 dsRNA 中间体的复制，产生大量的抗原和自我佐剂。但是 mRNA 复制子要想发挥功能，需要细胞内递送。纳米颗粒递送工具不会诱发全身性细胞因子反应，但有助于防止抗载体免疫性。抗载体免疫性发生于免疫系统应对与灭活递送工具之时。这一特性还可能阻碍同源加强免疫，最近人体试验表明，同源加强免疫对于 rVSV 系统十分必要，许多种类疾病的患者都采用了相同的递送技术来重复给药。

（二）基本原理

这种疫苗由 mRNA 组成，其中 mRNA 经设计后能够编码任何病毒、细菌或寄生虫蛋白，然后 mRNA 被包装在纳米颗粒中运送到细胞内。RNA 疫苗一直受到研究人员的青睐，这是因为它们诱导宿主细胞产生大量的编码蛋白，而这会诱导比蛋白质疫苗更为强大的免疫反应。利用 mRNA 作为疫苗的主要障碍是发现一种安全的和有效的方法运送它们。这种纳米制剂方法仅需7 天就能制造出抵抗新疾病的疫苗，从而有潜力处理突发的疾病暴发或者进行快速地修改和改善。

研究人员将 RNA 疫苗包装到由一种被称作树状大分子（Dendrimer）的分支分子制造而成的纳米颗粒中。这种材料的一种关键优势是研究人员能够使其临时带上正电荷，从而允许它与负电荷的 RNA 紧密地结合在一起。研究人员还可控制所形成的 Dendrimer - RNA 结构的大小和形状，通过诱导这种 Dendrimer - RNA 结构自我折叠多次，构建出直径大约为 150 纳米的球形疫苗颗粒。这种疫苗颗粒大小与很多病毒类似，从而能够通过病毒侵入宿主细胞所经过的细胞表面蛋白进入这些细胞中。

通过定制设计 RNA 序列，研究人员能够设计生产出他们想要的几乎任何一种蛋白的 RNA 疫苗。这种疫苗通过肌肉注射进行运送。一旦进入细胞中，这种 RNA 翻译为蛋白，然后这些蛋白释放出来，并激活免疫系统。在小鼠体内测试时，当接触到埃博拉病毒、H1N1 流感病毒或刚地弓形虫后，小鼠接受单剂相应的疫苗注射后都没有表现出临床症状。研究人员表示，不论选择哪种抗原，都能获得完全的抗体免疫反应和 T 细胞免疫反应。

（三）意义与展望

美国研发的这种单一剂量 mRNA 复制子纳米颗粒疫苗，可满足患者的特殊需求，更好地应对不断进化的病原体。疫苗生产后纯化要求低、过敏原污染可能性低、整个过程无需额外佐剂，避免诱发不需要的免疫反应，消除内源性 mRNA 表达，减少复制子的自我扩增，单次剂量就可产生免疫保护，提高患者的依从性，降低医护人员的负担。最重要的是，该技术能够快速、广谱应对突发疫情，生产时间线从最初获取相关 DNA 序列到毫克级、可注射疫苗的制备只需要7 天，而传统的细胞培养和受精鸡蛋系统的研发需要6 个月或更长的时间。

同时，该技术还为应对和使用生物战剂提供了疫苗基础。2016 年6 月，麻省理工学院一个项目组在美国国防高级研究计划局（DARPA）的资助下，已经创造出极端环境下能够保持稳定性的人工蛋白质，该蛋白质能够识别炭疽杆菌。通过这种特殊的识别能力，项目组开发出一种针对炭疽的快速的、极端战地环境下保持性能稳定的诊断试验技术。目前，还在与美国陆军传染病医学研究所合作筛选其人工蛋白质库，针对埃博拉病毒进行蛋白质折叠，希望研发一种全新而稳定的埃博拉治疗药物。斯坦福大学也正在利用一种在高通量筛选功能成像技术基础上开发的新筛选功能，识别出针对灭活类鼻疽伯克氏菌和鼻疽伯克霍尔德氏菌的人工蛋白质，这两种细菌病原体都是美国国防部严重关注的病原体。从目前取得进展来看，“人工折叠蛋白质”项目密切关注生物战剂，表面上看是为了诊断和治疗，尤其是解决极端环境下的药物存储问题，但既然已经发展到了防御和治疗阶段，那极端环境下保持生物战剂的稳定性已经成为事实，尤其是文中提到的炭疽、埃博拉、类鼻疽伯克氏菌和鼻疽伯克霍尔德氏菌等。而目前快速定制、广谱应对的 RNA 疫苗，能够应对不断进化的病原体，在救治现场附近快速生产，为美军应对和使用生物战剂提供了可能的疫苗基础。

另外，由于 RNA 疫苗在癌症治疗领域的特殊优势和成功积累，研究团队也将利用 MDNP 技术开发癌症疫苗。

（军事医学科学院卫生勤务与医学情报研究所　周巍　张音　李长芹）

美军医学模拟训练发展现状及进展

现代模拟仿真技术是以相似原理、信息技术、系统技术及其应用领域有关的专业技术为基础，以计算机和各种物理效应设备为工具，利用系统模型对实际的或设想的系统进行实验研究的一种综合性技术。美国是世界上最早开始模拟训练的国家之一，美军是最早开始模拟训练的军队。早在20世纪中叶美军便开始将模拟训练用于飞行员、航天员、坦克驾驶员等的训练。美军为保持战斗力、减少战斗伤亡、节约培训成本，以及获得更有效的训练方式、大力推动了医学模拟训练的发展，研制出一系列局部以及全身的医学模拟训练器及模拟训练系统，大大提高了医学教育水平和战伤救治能力。

一、外军高度重视模拟仿真技术应用

模拟仿真本质上是一种知识处理的过程，虚拟现实技术、分布交互仿真技术、面向对象的仿真技术、智能仿真技术等代表了仿真技术发展的主要趋势。虚拟现实与多媒体、网络技术并称为三大前景最好的计算机技术。

近几年来，随着美军组成21世纪数字化部队计划设施的实施，以及美国在热点地区部署维和部队训练中，该技术得到了实际的应用并显示出传统手段无可比拟的作用。

（一）在国家战略规划层面

美国国防部高度重视模拟仿真技术的发展，美国一直将建模与仿真列为重要的国防关键技术。1992年公布了“国防建模与仿真倡议”，并成立了国防建模与仿真办公室，负责倡议的实施。1992年7月美国防部公布了“国防科学技术战略”，“综合仿真环境”被列为保持美国军事优势的七大推动技术之一；1995年10月，美国国防部公布了“建模与仿真主计划”，提出了美国国防部建模与仿真的六个主目标；1997年度的“美国国防技术领域计划”，将“建模与仿真”列为有助于能极大提高军事能力的四大支柱的一项重要技术，并计划从1996年至2001年投资5.4亿美元。1999—2009年10年间，美军累计在医学模拟训练研究投入超过1亿美元，共支持近200项研究工作。仅美军远程医学研究中心（TATRC）2006—2009年就开展了17项医疗模拟培训技术研究，科研经费达到3600万美元。

同样，欧洲对于仿真的研究历来也十分重视。北约组织（NATO）于1992年9月成立了分布交互仿真（DIS）工作组。同年成立了欧洲仿真特殊兴趣组，并于次年组建了“仿真未来：新概念、工具和应用”基础研究工作组，制定了仿真基础研究和开发为第一优先主题，并对应于美国DIS工作组成立一些对应的机构进行跟踪研究。

（二）在组织管理层面

随着模拟仿真技术在训练领域的广泛应用，美军在20世纪80年代中期，基本完成了从人工模拟训练到计算机模拟训练的转变，并建立了相应的模拟训练机构。美军在1990年2月成立了国家模拟中心。1993年4月重组为美军联合武装力量中心的下属机构。美国国防部非常重视模拟仿真及虚拟现实技术的研发和应用，在武器系统性能评价、武器操纵训练及指挥大规模军事演习、医学训练、卫勤系统等方面发挥着重要作用。1983 年，DARPA 和美国陆军制定并实施了 SIMNET 计划。从 1994 年起，DARPA 和美军大西洋司令部（USACOM）联合开展了“战争综合演练场”（STOW）的研发。从2003 年起，DARPA 启动 DARWARS 项目，加速新一代训练系统的研发和部署。

美军医学模拟训练主要由三个部门负责，包括陆军卫生部门中心与学校（AMEDD）负责护理领域的模拟技术和政策制定，陆军医疗模拟训练中心负责医疗兵模拟训练，美国陆军模拟仿真指导委员会（CSC）负责军医的继续教育，并为伊拉克战争和阿富汗战场返回的军医提供培训。美国能源部（DOE）为改善运作模式、节省研发经费和时间积极发展 VR 技术。美国卫生与公共服务部（HHS）下属的国立卫生研究院（NIH）进行了一系列 VR 技术的研究。2008 年国立精神卫生研究所应用 VR 技术研究治疗创伤后应激综合征（PTSD），取得良好效果。此外，联邦航空局、教育部甚至一些州政府也都有开展 VR 技术研发的机构。

二、广泛深入开展医学模拟训练

在军事医学教学中，军事模拟仿真与 VR 技术结合起来，既能创造出逼真的战场环境、战斗场景以及随着战斗推进过程中虚拟的“战斗人员”伤亡状态，又可以模拟出野战条件下的战伤救治、运送等。特别是核武器、生物、化学战伤的救治、运送，不仅危险性大，而且救治复杂且难度较大，平时的学习和培训又不易实现。

（一）主要应用领域

2005 年，美国陆军决定对战斗卫生员开展医学模拟训练，主要内容为呼吸衰竭及气管插管和止血等战场急救技能。2006 年后，开始进行在现场急救人员到本土医院，直至手术室之间的医学模拟训练，主要内容为生命支持、心肺复苏和除颤。2008 年，华尔特里德军事医学中心将与美军医科大学模拟中心和多家地方医疗机构合作，创建一座模拟中心，用于军队卫生人员的教育培训，包括模拟实验室和由多家合作机构支持的网络学习课程。

2008 年以来，美国国防部通过与地方医疗机构合作，在华盛顿地区联合建立一个高水平的医学模拟训练平台，实现随时随地为卫生人员培训的目的。位于马里兰州银泉的美军医科大学模拟中心与多家地方机构合作，为军队卫生人员提供多种形式的模拟训练。2009 年 6 月开始，所有新入院的美军医师都须先期在华尔特里德陆军医学中心、海军医学中心，或医学模拟中心接受基础战救训练课程（CLS）。美军制定了针对实习医师的静脉切开术、静脉导管放置、动脉穿刺等模拟培训计划（图 1）。目前，美国国防部医学模拟训练中心（MSTC）分布于 24 个地域，包括科威特、阿富汗和韩国，训练时间 5 天，每个中心每年训练 4500 人次，目前已训练 50 万人次。

图 1　美军士兵急救训练

（二）模拟训练类型

1. 标准化病人

美国较早完成了标准化病人训练系统的开发并一直沿用至今。标准化病人是招聘从事非医务工作的正常人或病人，经过训练以后扮演病人，通过标准化的医疗程序，参与角色训练。有利于培养学生的思维能力，掌握一定的临床技能。

2. 交互式虚拟病人

交互式虚拟病人软件已用于标准的模拟演练中，进行医学模拟训练和训练效果评估。由于虚拟病人具有成本较低、能够快速学习和反应等优点，其应用范围正在进一步不断扩大。

3. 全任务模拟器

也称综合模拟器、病人模拟器，能够提供包括从部分到整体的全部的学习体验。这些人体模型实现嵌入式计算机技术，可执行干预评估呼吸、心跳、脉搏等生理参数，同时配有监视系统可显示生理指标。全任务模拟器在建构真实工作环境方面具有显著优势，美军建设并投入使用的模拟手术室、模拟战场等都具有真实的听视觉场景。

4. 局部功能任务训练器

局部功能训练器是指模拟身体某个部位进行功能模拟训练。主要用于训练医学学生的单项临床操作技能，练习特定的临床任务。这种任务训练器由身体的某一部分与测量操作者操作技能的感觉器连接而成，可以进行静脉穿刺、抽血、心导管和胸导管植入等操作。

5. 复杂任务模拟器

这种是高度仿真的另一种模拟方式，采用真实的材料与装备，技术上采用复杂的视觉、听觉和触觉通过计算机结合为一体，使学员真实地感受到这些刺激。这些高级系统用于重复性临床操作的学习，如超声、支气管镜、乙状结肠镜、喉镜检查等。

三、研发多种医学模拟训练系统

美军开发多种模拟训练系统用于医学模拟训练，主要包括外科手术虚拟训练系统SOSTS、训练救治团队配合的虚拟系统3DiMD、环甲膜切开虚拟训练系统、基于PC的交互式多媒体虚拟病人STATCare系统、高级创伤救治技术模拟训练系统、胸部创伤救治模拟训练系统等（图2）。

(a) SOSTS　(b) 3DiMD

(c) 环甲膜切开虚拟训练系统　(d) STATCare系统

图2　美军有代表性的医学模拟训练系统

美军医学研究与医疗物资司令部（USAMRMC）资助的SimQuest公司开发的止血训练系统ELSim™（图3），已在美军中应用。该系统用于四肢

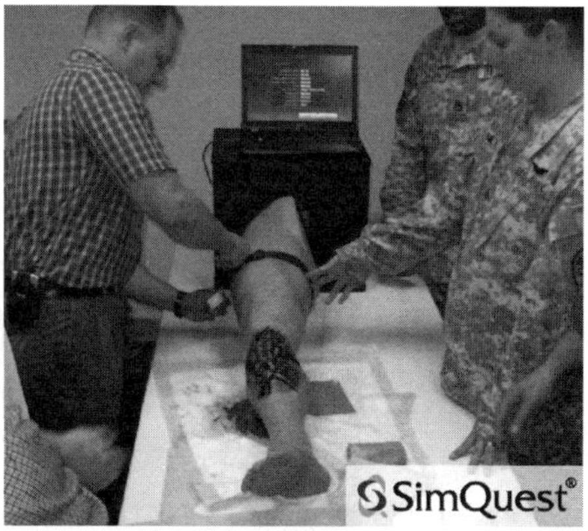

图3　ELSim™系统

出血的止血训练，主要训练指压止血、加压包扎止血及止血带止血。该系统设计有典型的战场情节，并且可以测量止血带施加在肢体上的压力，可量化评价止血训练效果。

挪度公司开发的综合模拟人系统SIMMan 3G（图4）。该系统内建丰富的病例，能真实再现临床上罕见的病理特征，可模拟对假想病人的救治、护理过程，监控并显示该模拟人的各项生理指标，采用无线通信技术，实现便携性。该综合模拟人系统在全球医院、医学院均得到了良好应用，在美军、韩军也得到应用，然而该系统不是完全针对部队需求研制的，在环境适应性、功能设置等方面不能很好满足军方需求。

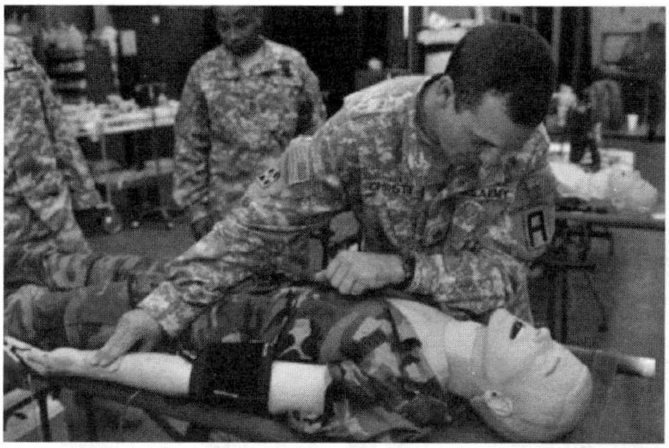

图4　Laerdal公司综合模拟人系统 Simman 3G

美军远程医学研究中心（TATRC）与加拿大CAE公司联合研制的外伤训练模拟人Caesar（图5），用于军医、卫生兵、普通战士的战（现）场急救技能培训，可完成气胸穿刺、止血、包扎、气管插管、搬运等训练。该模拟人具有良好的环境适应性，防水，可以在雨中进行训练；具有结实耐磨的“皮肤”，可以在沙土地面拖拽；采用无线通信、锂电池供电，无电缆连接，适用于野外训练。

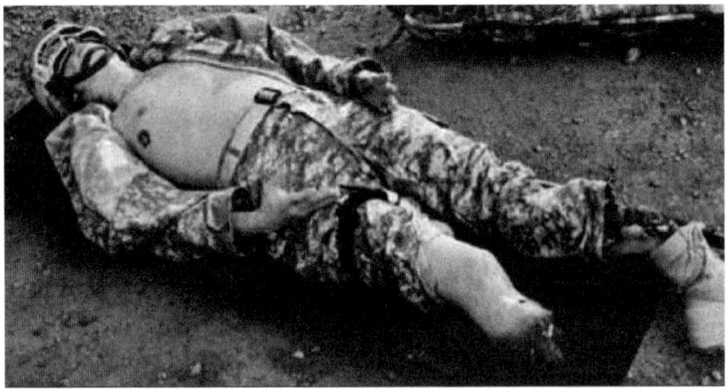

图5　Caesar

另外，美军在战伤模拟上也开展了研究，由USAMRMC主导的严重外伤模拟（STS）研究，目的为研制出仿真皮肤、组织、血液，用在战伤救治训练模拟人，力求在视觉、触觉、嗅觉等多方面达到逼真的模拟效果。图6为研制的战伤模型。

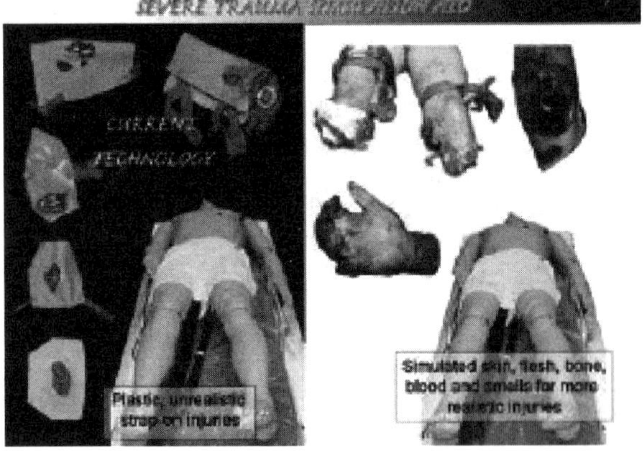

图6　STS

美军还采用虚拟现实技术（VR）开展训练，尽管该技术一次性设备投入较大，但单次训练成本较低，系统可模拟各种典型场景，训练准备工作比较容易。美国首都地区医疗模拟中心基于虚拟现实技术开发了用于救治团队训练的模拟系统 NCAMSC（图 7），该系统营造逼真的救治环境，可练习批量伤员检伤分类与基本救治。

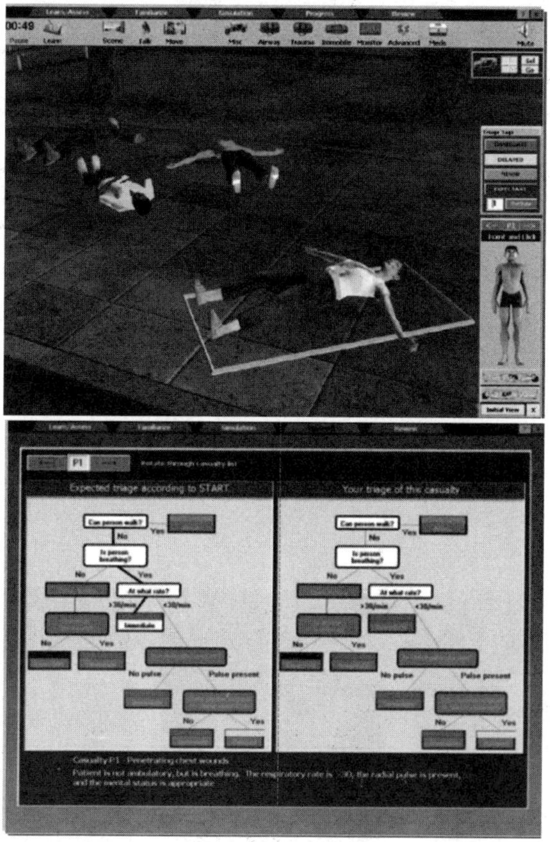

图 7　NCAMSC 场景模拟界面与检伤分类模拟训练界面

Laerdal 公司开发的面向军医训练的 MicroSim Military 系统（图 8）可运行典型的战伤病例，可软件模拟多种战伤特征，训练军医对战伤的诊断能力，同时可通过虚拟的救治工具，完成对假想伤员的救治工作，从而检验军医对战伤救治流程的熟悉程度。

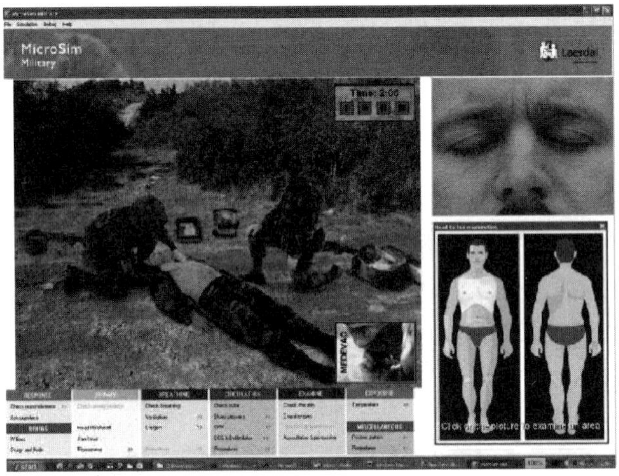

图 8　Laerdal 公司 MicroSim Military 软件培训系统

美军医学研究与医疗物资司令部（USAMRMC）资助 SimQuest 公司开发了针对炸伤的院前急救批量伤员检伤分类虚拟现实系统（图 9），受训者可以像打游戏那样进行伤情评估、处理、救治炸伤伤员。

图 9　SimQuest 公司虚拟现实系统

四、积极开展卫勤模拟仿真训练

模拟仿真技术另外一个重要应用领域为军事卫勤模拟仿真，由于其具有成本可控、贴近实战等特点，美国海军自20世纪70年代开始逐步采用仿真手段解决伤病员后送问题，在20世纪90年代统筹开发建设了一系列卫勤模拟仿真技术和软件。至今其战时卫勤保障模拟仿真技术日趋成熟并实际运用于战场卫勤筹划。近几年美军重点研发的卫勤指挥模拟仿真系统包括战术卫勤规划工具（TML+）、卫生物资补给预计模型（ESP）和联合医疗分析工具（JMAT）等。

（一）联合卫勤规划工具（JMPT）

联合卫勤规划工具也即以前的战术卫勤规划工具（TML+）。战术卫勤规划工具于2002年开发，2012年改名为联合卫勤规划工具（JMPT）。由海军卫生研究中心和特力戴布朗工程（Teledyne Brown）公司联合研发。该工具用于战术层面医疗后送的仿真工具，主要用于判断指定的救治机构是否能够成功处置特定的伤员流，分析救治机构之间距离和救治能力对伤员救治效果的影响，确定伤员流消耗物资的品种和数量、需要的人员类型和数量、需要的运输工具类型和数量，以及救治机构配置的优化。主要的模型有伤员发生模型、通用数据模型、救治功能模型、医疗机构模型、伤员点模型、后送站模型、后送能力模型。

（二）联合医疗分析工具（JMAT）

负责卫生事务的助理国防部长办公室、战场医疗信息项目（TIMIP）、联合参谋部和作战司令部联合开发了医疗分析工具（MAT）。2010年，美军开发了联合医疗分析工具（JMAT），是联合环境下的计划工具。利用该软件不仅可生成联合作战任务伤病员救治的卫勤需求，还可以生成和评估作战方案。可以确定救治伤员流所需的病床数量、手术室数量、工作人员数量和类型，以及所需的血液量等。

（三）卫生物资补给预计模型（ESP）

海军卫生研究中心（NHRC）于2000年研发卫生物资补给预计模型（ESP），有三种用途。首先，能够预计阶梯救治伤员流所需的医用消耗品和装备的数量及其组合。其次，可作为决策工具，评估哪些物资短缺以及这些短缺物资如何影响医疗救治选择，以此来评估物资储备。第三，ESP是一个映射和培训工具，阐述了伤情码、医疗工作、物资和救治区域的关系。

五、结束语

模拟仿真技术在美军医学模拟训练及卫勤模拟仿真中都得到了广泛而深入的应用，形成系统的研发和组织体系，能够创造战场的真实虚拟环境，有利于训练军队医学人员的诊疗技能和决策能力，提供接近实战的战伤救治环境，大大提高了战伤救治水平和能力。未来模拟仿真及虚拟技术将发挥更大的作用，可以大力普及医学模拟训练，建立健全医学模拟培训组织体系，制定统一的训练标准，多途径全方位提供技术保障，不断提高未来战场战伤救治水平和军官快速认知能力和应变能力。

（军事医学科学院卫生勤务与医学情报研究所　刘伟　李丽娟）
（军事医学科学院卫生装备研究所　孙秋明　谢新武）
（第三军医大学卫勤训练基地　张东旭）

美军3D生物打印技术医学应用及进展

3D打印技术也称为“添材制造”“添加式制造”“增材制造”等。该技术是对传统切削加工技术的原理性颠覆，解决了许多过去难以实现的复杂结构零件的制造问题，成为世界国防前沿技术的研究热点和重点。美军非常重视3D打印技术在军事领域的应用，从一开始就加入国家制造创新网络，因此美军3D打印技术水平保持在美国国家水平，在航空领域、武器装备及军事医学等方面应用广泛。3D生物打印技术在军事医学领域得到应用。

一、3D生物打印技术发展迅速

3D打印技术的源头可以追溯到20世纪80年代起步的快速成型技术（Rapid Prototyping，RP）。从20世纪90年代开始到现在的30年里，3D打印从开始运用于汽车和航天等制造业，到近几年应用于医疗行业，打印出组织器官，并且协助完成手术，3D生物打印技术迅速发展。3D打印人造肝脏组织、3D打印人造耳、3D打印牙冠等出现在人们的视野里，3D生物打印为器官移植提供了多一种可能，给战伤救治带来了新的希望。解决了许多过去难以制造的复杂结构问题，减少了加工工序，缩短了加工周期，降低了成本，受到很多政府、军方和企业高度重视。

3D 打印技术和生物制造技术深度交叉融合，叠加优势效应开始显现。3D 生物打印能直接打印出活体组织，甚至直接打印活体替代器官。2010 年 6 月，美国 Organovo 公司成功研制出“按需打印”患者所需的人体活器官的机器，对未来战场及时救援具有巨大潜在意义。2013 年 2 月 20 日，美国康奈尔大学的研究人员利用牛耳细胞 3D 打印出人造耳朵。2016 年，美国海军研究实验室（NRL）发明的生物激光打印机（BioLP）目前已经获得专利批准，美国海军研究实验室希望借此技术治疗一些常见战场伤病，如创伤性脑损伤、烧伤以及听力损伤等。

二、美军高度重视 3D 打印技术研发

美军也很早加入了“美国制造”，形成了以国防部为主，涵盖陆军研究开发和工程司令部、陆军研究实验室、武装部队再生医学研究所、华尔特里德医学中心等研究机构，与政府机构、学术机构、企业创新联盟等开展合作的 3D 打印技术研发网络系统。

2011 年 6 月，美国总统奥巴马宣布成立国家制造创新网络（NNMI），向 3D 打印产业资助 2.8 亿美元以提升美国在制造业上的领先地位。2012 年 8 月，美国国防部、商务部、国防经济委员会负责人共同宣布国家国防制造与加工中心（NCDMM）被选为美国 NNMI 的管理机构。2015 年 9 月，NNMI 发布了新版美国“增材制造技术路线图”，按照技术成熟度制定了 2013—2020 年发展重点规划。美国国防部 2012 年投资 6000 万美元进行 3D 打印技术的研发，资助一系列的研究机构、学术机构以及公司。2015 年 5 月，

DARPA 宣布实施“开放式制造项目”。2015 年 11 月，美国陆军发布 2016 财年《陆军制造技术规划报告》，对包括 3D 打技术等 6 大领域的 31 个正在实施的重点项目进行了分析。

美国发布《先进制造：联邦政府优先技术投资领域速览》报告，提出先进材料制造、推动生物制造发展的工程生物学、再生医学生物制造、先进生物制品制造、药品连续生产等 5 个应重点考虑的新兴制造技术领域，明确了美国政府未来制造技术发展重点。2016 年 5 月 24 日，美国联邦商业机会网站（www. fbo. gov）发布了先进组织生物制造创新研究所的筹建项目招标公告，由国防部陆军物资司令部负责建设。2016 年 10 月，美国国防部宣布设立先进再生制造研究所（ARMI），这是“美国制造业”战略规划的第七个国防制造中心。ARMI 将重点关注高通量培养技术、3D 生物打印技术、生物反应器、存储方法、破坏性评估、实时监测/感知和检测技术等。

三、3D 生物打印技术军事医学应用广泛

当前，3D 打印技术在军事领域有着广泛的应用，主要应用方向有飞行器零部件制造、无人机与模型飞机、武器装备受损部件的维修、复杂结构件的生产、军事医学以及军事电子领域应用。3D 生物打印是运用生物材料、细胞、蛋白质或其他生物组分，通过 3D 打印技术来构建个性化复杂结构植入物或体外生物组织，根据患者的身体构造、病理状况提供差异化、个性化的定制服务。

（一）主要应用方向

1. 人体器官模型助力医学模拟训练

3D 生物打印在医学上的最直接应用，就是打印出各式各样的器官或组

织的 3D 模型，可用于教学和术前模拟等，是美国武装部队再生医学研究所 3D 打印应用方向之一。利用该技术不仅有利于缩短临床药物研发周期，还可能避免潜在的人体试验损害，极大地节省新药的研发费用。在手术设计、操作演练和预后等方面具有广阔的应用前景和极高的应用价值。美军用 3D 打印的人体器官应用于医学模拟训练等。

2. 皮肤修复治疗战场烧伤救治

在执行任务中，烧伤不仅给参加军事行动或抢险救灾的伤员带来身体上的痛苦，也会在他们心理上造成难以愈合的创伤。通过 3D 打印技术制造可促进伤口愈合并减少瘢痕形成的多功能生物支架、组织工程皮肤制品、用于皮肤再生的人工蛋白生物材料等，都对治疗烧伤有着不可替代的作用。美国武装部队再生医学研究所医学专家正在将研究成果从实验室应用到临床试验，以帮助受伤的军人从战争的创伤中恢复过来，皮肤生物打印将为士兵提供一个个性化的治疗方式。

3. 人造血管系统应用于器官移植

美国武装部队再生医学研究所 3D 生物打印另外应用领域为人造血管系统。再生医学研究所 3D 生物打印项目还应用在组织与骨骼和肌肉生成复杂组织。通过 3D 生物打印技术打印出来的血管，可以与人体组织相互“沟通”，减弱器官排斥。此项研究的下一步将构造出完整的人体器官，未来美军将打印出心脏用于器官移植，或可作为一种重要的临床应用材料。

4. 生物打印骨骼可用于战伤肢体修复

美国武装部队再生医学研究所 3D 生物打印另外一个应用领域为生物打印骨骼。3D 打印机可进行手术用骨骼部件打印，这种类骨骼物质可被添加到受损自然骨上，当作支架材料，促使细胞和骨组织生长，而且这种类骨骼物质可最终降解，没有“明显负面效果”。未来人工打印四肢可以应用到战场受伤士兵，可以恢复伤员的肢体，用于人工假肢。

5. 骨骼重建可应用于治疗爆炸伤

在战争、军事演习或训练中，由爆炸伤造成的骨骼和组织缺损历来是战场救治的难点。3D 打印技术在医疗领域的发展应用为这一难题带来了曙光，它不仅可以打印出颅面合成骨、可植入性软组织，就连难度很大的工程骨组织植入、自体细胞软骨培育都可以通过 3D 打印来实现。

6. 生物支架由助于综合征救治

战创伤对伤病员造成的危害很大，如果不能及时采取外科措施进行干预，很容易使他们患上间隔综合症，严重者可能会发生血管肌肉和神经等器官永久性死亡，导致终身致残。通过 3D 生物打印技术制造的可降解弹性聚合支架和特异诱导性生物支架，对肌肉组织再生有很大帮助，可以促使血管肌腱和神经功能尽快得到恢复。

（二）最新进展

2016 年 5 月，美国华尔特里德军事医学中心报道了其在 3D 生物打印技术最新应用。主要包括头部和颈部的准确快速成型、彩色三维打印模型在复杂颌面外科诊断与手术中的应用、利用数字技术和快速成型制造鼻整形模板。

1. 头部和颈部的准确快速成型

头部和颈部的准确快速成型是通过添加剂制造头骨模型来评估医学模型的准确性。医学数字影像和通信（DICOM）技术例如通常的 CT 和核磁共振成像（MRI）被转换成 3D 电脑模型，进而使用 3D 生物打印技术精确打印出其物理模型。

2. 彩色三维打印模型应用于复杂颌面外科诊断与手术

目前，传统的 CT 扫描并不能准确揭示受伤部位的情况，颌面创伤在阿富汗和伊拉克的冲突期间较为突出，简易爆炸装置极易造成颌面创伤。医生手术前生成一个精确的解剖模型，需要创建一个手术病人的治疗计划。可视化虚拟和3D解剖模型可以提供有益的信息，帮助确定需要修正的手术。3D打印技术用于三维重建面部受伤，适应和用于创建复杂模型的定制。

3. 利用数字技术和3D打印技术制造鼻整形模板

数字技术和3D打印技术，可以为外科医生提供一个准确的损伤部位的表示。除了对受伤区域进行三维建模，模型还可以进行数字化，以创建一个理想的状态。然后，在构建模板的基础上创建基于数字的理想模型。在进行"数字鼻整形术"后，容易设计和制造出模板，并为以后同类外科手术提供参考。

四、结束语

目前，3D生物打印技术还处在早期发展阶段，技术还有待充分成熟，现阶段美军对于3D打印技术主要集中在创新研发和应用实践，重视自主知识产权的建设和维护，以及材料标准和政策的制定，未来3D生物打印技术使政府和美军将更加联系紧密，跨学科跨领域跨部门深入合作，在军事医学应用领域将更加广泛，在后勤保障中发挥越来越大的作用。

（一）政府和军队联系更加紧密

美国政府大力支持的美国制造项目主要集中在3D打印领域，旨在通过公私合作进行商业化的研究和技术开发。3D生物打印是其重要方向之一，美军和政府联合发展3D打印技术，使美军在该领域的专业知识、人员和研究与国家同步，参与到国家战略层面发展上来。在下一步的技术研发中，美军将更加紧密联系政府、学术机构、企业，开展联合研发应用，尽快将更多先进的3D生物打印技术应用到战伤救治中。

（二）在后勤领域发挥作用越来越大

在未来10～15年，美军期望该技术能够使商业和国防产品的设计、采购和后勤保障模式发生革命性的变化。随着后勤负担的加大，美军希望能够减轻负担，以更小的成本提供更大的支持。未来美军期望利用3D生物打印技术打印出手术室部件和修理配件，将大大减少后勤成本，改变整个后勤供应模式。

（三）军事医学应用领域更加广泛

美国陆军研究实验室专家指出，不是所有的领域都适合应用3D打印技术，但是在有些领域3D打印技术生产的产品将远远优于用传统制造技术生产的产品。未来，3D生物技术将在军事医学应用领域应用更加广泛，通过该技术打印出心脏并用于器官移植。对士兵而言，也有许多医疗上的优势，军医和卫生员可以对战场上伤员进行个性化的救治。

（军事医学科学院卫生勤务与医学情报研究所　刘伟　吴曙霞）

（军事医学科学院卫生装备研究所　倪爱娟）

基因编辑和基因驱动技术与国家安全

基因组编辑工具的出现使得基因编辑更加精准、快速、经济和容易。CRISPR－Cas9 是基因工程研究中最新和使用最广泛的工具，它由多种分子组成，包括核酸酶、转座子、重组酶、蛋白质核酸、锌指核酸酶和 TAL（转录激活蛋白）效应子核酸酶。这些编辑工具不仅为基因研究带来重大突破，也为其变革性应用打下良好基础。但在实现基因组编辑及其相关技术的全部潜力的同时，需要限制这些技术的脱靶效应、逆转技术不良后果。此外，在基因组中其他地方的 DNA 断裂引入超过预期的靶点（脱靶活性）可能产生靶标修改，对受体的安全性和健康构成重大威胁。基因驱动（Gene Drive）技术是自我永久基因编辑系统，可通过有性繁殖在群体中实现快速基因变异。考虑到基因驱动技术在生物技术领域的重大影响，基因驱动技术的应用安全亟待提高。随着基因组编辑工具被越来越多的科学家广为使用，由于科学家的研究水平、基础设施资源、伦理道德和意图各不相同，技术滥用所带来的遗传威胁风险不断增加。到目前为止，生物安全领域的最新技术尚不足以应对这些潜在的威胁。

一、基因编辑技术及其应用

基因组承载物种遗传信息。绝大多数物种的基因组以双链 DNA 形式存在，由 A、C、G、T 四种碱基以不同顺序串联，形成长度数千至数亿核苷酸的“链式密码”。这些遗传密码编码不同的基因决定物种的性状。以人类基因组为例，包含有大约30 亿对核苷酸，存在于23 对染色体上（也就是是说包括46 条 DNA 双链），编码约3 万个基因。物种的基因组通过遗传获得，遗传的过程中可能发生自发的突变，也可能受环境影响诱发突变（例如辐射、紫外线等）。突变可能导致遗传性疾病，也可用于遗传育种。但是，除了病毒、细菌外，人工改变生物基因组序列极其困难。

2010 年前后，人们通过将可以识别特定核苷酸序列的蛋白质模块（锌指或 TALE 元件）串联，并与可切割基因组的核酸内切酶融合，形成可识别特定基因序列的融合蛋白。融合蛋白在细胞内表达后，就可以在特定位置将基因组 DNA 切断。细胞为了存活，启动非同源末端连接（NHEJ）和同源重组（HDR）进行修复，修复过程导致核苷酸插入、缺失、同源片段替换。由于遗传密码编码蛋白的三联体原则（三个核苷酸编码 1 个氨基酸），插入（或删除）非 3 的倍数的核苷酸会形成移码，导致基因失活。基因组切割大大增加了体细胞同源重组效率，因此可进行基因置换。由于这些改变发生在基因组特定位置，可以人工设计，就像对密码内容进行编辑一样，被称为“基因编辑”。

基因编辑技术首次提供了可“人工设计”的高效、精确改变高等生物（动物、植物）基因组序列（遗传密码）的手段。该技术一出现就被认为是“革命”性的技术，迅速获得广泛应用。首先，该技术可高效诱导基因失活，特别是可实现体细胞等位基因同时失活，因此被广泛应用于基因功能研究，其效率大大高于基于胚胎干细胞同源重组、制备基因敲除动物的基因打靶技术。其次，由于基因切割后同源重组的效率大大增加，可以实现基因置换，因此基因编辑技术最大的医用价值在于遗传病的基因治疗。除此之外，基因编辑技术大大降低了人为改变基因的难度，因此可以通过改变物种的基因序列，实现高效作物育种、实现人体能力增强甚至定制“全能战士”。

二、CRISPR/Cas9 是高效基因编辑手段

锌指核酸酶和 TALENs 技术依赖核酸酶—核酸间的直接识别和结合，因此需针对不同的 DNA 靶序列重新设计、定制特定组合的可识别靶序列的锌指核酸酶或 TALEN - 核酸酶融合蛋白，技术步骤复杂，获得的融合蛋白中的模块相互影响，从而导致识别精度和切割效率降低。

1993 年在盐古细菌中发现了一种蛋白 - RNA 复合物（CRISPR/Cas），2011 年完整揭示了该复合物作为细菌获得性免疫系统的分子机制。复合物中的 RNA 通过同源配对，识别入侵生物的 DNA；复合物中的蛋白质具有核酸酶活性，可在识别基因组序列附近特定位点切割入侵生物基因组双链 DNA。2012 年，细胞外重建的 CRISPR 系统成功实现基因组特定位点的突变，并首次实现 CRISPR 人工靶向设计。2013 年初，麻省理工学院 Broad 研究所教授张锋和加州理工大学教授 George Church 在同一期《科学》杂志上分别发表论文，利用 CRISPR/Cas9，实现在哺乳动物体细胞基因组特定位点高效特异切割并诱发基因突变。携带 CRISPR/Cas9 的病毒可在 90% 以上的细胞中诱导插入/缺失突变，显示该技术的超高效率。2014 年，CRISPR 基

因编辑恒河猴问世，标志着动物个体水平（从斑马鱼、线虫、小鼠到猴）的基因编辑已无技术障碍，CRISPR 终于完成了从古细菌—细菌—细胞外—真菌—哺乳动物细胞—动物个体、从原理到技术的过度。2015 年利用蚊子建立了基于 CRISPR 的基因驱动技术，实现“定制 DNA”在物种内快速传播。2016 年利用 CRISPR 技术直接针对小鼠体细胞而非生殖细胞进行基因编辑，成功纠正了疾病模型小鼠的基因缺陷，实现基因治疗领域的重大突破。

CRISPR 系统由两部分构成：①具有 DNA 结合和切割活性的、源于化脓链球菌的 SpCas9 核酸内切酶，该酶包含 HNH 和 RuvC 两个核酸酶结构域，分别负责切割两条 DNA 链；②靶向 DNA 序列、长度 20 碱基对左右的引导 RNA（sgRNA），负责特异性识别靶序列，并引导 SpCas9 至此切割双链 DNA。CRISPR 靶序列需符合 GN19NGG 特征，其中 NGG 为 SpCas9 特异性 PAM 基序，Cas9 的内切酶活性严格依赖其对 PAM 基序的识别。CRISPR/Cas9 对双链 DNA 切割发生在 NGG 上游（5’端）第三个碱基处，随后通过 NHEJ 和 HDR 修复过程导致基因失活或置换。与锌指及 TALEN 技术相比，CRISPR 介导的基因编辑由 RNA 介导并依赖 RNA－DNA 间的特异性识别，仅需设计合成靶向 DNA 序列的 RNA 序列，而且该序列可由 DNA 转录形成，并通过质粒或病毒载体导入细胞，因此基于 CRISPR/Cas9 的基因编辑效率和识别特异性更高，获得周期短（仅约 1～3 天），成本和技术门槛极低。

三、基因编辑技术的局限性及未来发展

尽管 CRISPR 技术优势明显，但是成为有效的基因攻击手段，尚存在以

下局限。

（一）脱靶效应

CRISPR 的脱靶效应始终是人们关注和争论的焦点。决定 CRISPR 基因组切割特异性的因素不只是序列。即使 sgRNA 和基因组靶序列间存在 1 个或多个核苷酸错配，sgRNA 仍然能够引导 Cas9 核酸酶整合到染色体上。靠近 PAM 位点 10 个碱基以内的错配比 10 个碱基以外的错配更容易被容忍。脱靶效应降低了识别的特异性，从而降低了作为基因攻击手段的特异性。

（二）PAM 识别限制

现在广泛使用的 Cas9 - sgRNA 对靶 DNA 的识别和切割严格依赖对 PAM 基序的识别，对 PAM 的识别甚至优先于 sgRNA 对靶 DNA 的识别。最常用的化脓链球菌 SpCas9 主要识别 NGG，如果在靶序列附近不存在 GG，则无法设计相应的基因编辑元件。由于高度种族特异性的单核苷酸位点数目少，多数难于成为有效攻击靶点。

（三）基因编辑系统片段长度限制

目前通用的源自化脓链球菌的 SpCas9 基因大小约为 4.2 千碱基，加上 sgRNA 及其他辅助元件，编码基因接近 5 千碱基左右，使多种病毒载体的包装效率降低，构建可复制性病毒的难度大。

（四）基因编辑效率可能受药物调控

所有基因编辑体系都含有核酸内切酶，且现在广泛使用的酶均是外源酶。因此如果研制出该酶的抑制剂，可以降低基因编辑效率，并可能使基因编辑失效。

该技术的最新发展可望克服上述问题，从而大幅提高基因编辑技术的效率和特异性。例如，利用 Cas9 的高级结构信息、通过突变体设计，成功获得了多个具有不同 PAM 识别特异性的 SpCas9 突变体，其脱靶效应、靶向特异性以及编辑效率均与野生型 SpCas9 无异。利用这一思路，有望克服 GN19NGG 的序列限制，从而可以针对任一差异位点，进行特异性切割并导入突变；在降低 CRISPR 脱靶效应方面，针对 sgRNA 和 Cas9 元件的改造取得显著成效，2016 年通过突变成功获得高保真 SpCas9，在保留大于 85% 的 SpCas9 靶向编辑效率的同时，脱靶效应降低到几乎检测不到的水平；最新研究还陆续发现了多个分子量小于 SpCas9 的 Cas 或类 Cas 蛋白，如源自金黄色葡萄球菌的 SaCas9 仅约 3.1 千碱基，该元件更容易整合到病毒中间。

四、基因编辑技术可能用于大规模杀伤性武器

科学技术的任何进步必然首先运用于军事。当今世界，各大军事强国围绕颠覆性技术制高点的争夺已近白热化，倾力打造以颠覆性技术为基础的作战实力，以求能一改未来战争的游戏规则。以 CRISPR 为核心的基因编辑技术，已经对传统的主流技术产生颠覆性效果，主要表现在：使基因工程操作效率提升若干个数量级，以空前的速度改写地球上的生命密码，实现任意基因在任意物种间的自由移植，彻底颠覆大自然数十亿年来所遵循的进化规律。高效的基因编辑技术除了用于科学研究、基因治疗、动植物品种改造外，具有显著的军事用途。随着这一技术的不断完善，其在造福人类的同时，也可能成为未来战争中的“游戏规则改变者”。例如：通过靶向基因表达打造形形色色的生物部队或超能战士，通过触发生态灾难摧毁国家的经济命脉和社会基础，通过特异性基因控制造成目标种族的退化甚至灭绝。

（军事医学科学院卫生勤务与医学情报研究所　刘术）

（中国科学院微生物研究所　张荐辕）

人类基因组编写计划的制定及其争议

2016 年 5 月 10 日，大约 150 名科学家、律师和企业家举行了一次秘密研讨会，探讨从头合成人类基因组的可能性。2016 年 6 月 2 日，这项研究的核心成员在美国《科学》杂志上宣布，将筹资 1 亿美元启动“人类基因组编写计划”（HGP - write）。

一、人类基因组编写计划基因情况

人类基因组编写计划由科学家、律师和企业家经过会议探讨后提出，旨在降低大型基因组合成成本以及从头合成人类基因组。

（一）人类基因组编写计划的制定

2016 年 5 月 10 日，大约 130 名科学家、律师与企业家在美国哈佛大学召开“秘密”会议，探讨“在 10 年内合成一条完整的人类基因组”。与会者来自哈佛大学、麻省理工学院、纽约大学等知名学术机构，但事件遭两名科学家曝光，引发科学界轩然大波。针对种种批评，会议组织方发布了一份声明予以澄清，主要内容有两点。首先，会议的主题是讨论在细胞里构建、测试大型基因组，这是认识基因组这个生命蓝图的下一篇章，也是最近几年学术界探讨的内容。此前的讨论重点在于合成、测试酵母与细菌的基因组，最近的重点则是讨论构建大型基因组。第二，此前的讨论会之后都会很快公布一份会议报告，但这次会在一份科学期刊上发表论文，因为在期刊发表论文要经过同行评审，在发表之前不适合公开讨论，所以才要求与会者不联系媒体，不在社交媒体上发帖。会议组织方还认为在发表这份论文与会议内容前，没有新闻可以报道。

2016 年 6 月 2 日，人类基因组编写计划的核心成员纽约大学合成生物学家 Jef D. Boeke、哈佛大学医学院基因组学家 George Church 和加利福尼亚州欧特克研究中心商业设计工作室 Andrew Hessel 等 25 人在美国《科学》杂志上宣布，将筹资 1 亿美元启动“人类基因组编写计划（HGP - write）”。

（二）人类基因组编写计划的主要内容

人类基因组编写计划的首要目标是在 10 年内把合成大型基因组的成本降低为现在的千分之一，还希望在 10 年内从头合成一条完整的人类基因组，其近期目标是合成 1% 的人类基因组。科学家们还列出了人类基因组编写计划的一系列潜在应用，包括培育可移植给人类的器官、通过全基因组重编码赋予细胞对病毒的免疫力、通过细胞工程技术赋予细胞抗癌能力、加速疫苗和药物的研发进程、构建特定染色体或复杂癌症基因型等。

这项计划将由新成立的一家独立非营利性组织——工程生物学示范中心执行。这是一个国际性科研项目，对各种资金渠道开放。包括各国政府科研资金、私人投资基金、慈善基金、众筹资金等，2016 年的目标是筹集 1 亿美元，启动上述先导项目。科学家们还表示，整个计划的费用尚难预计，但可能会少于人类基因组计划的 30 亿美元。

（三）人类基因组编写计划是人类基因组计划的延续

人类基因组计划（Human Genome Project，HGP）是一项规模宏大的跨国跨学科的科学探索工程。其宗旨在于测定人类染色体（指单倍体）中所包含的由30亿个碱基对组成的核苷酸序列，从而绘制人类基因组图谱，并且辨识其载有的基因及其序列，达到破译人类遗传信息的最终目的。美国、英国、法国、德国、日本和中国科学家共同参与了这一预算达30亿美元的人类基因组计划。到2005年，人类基因组计划的测序工作已经完成。其中，2001年人类基因组工作草图的发表被认为是人类基因组计划成功的里程碑。鉴于人类基因组计划测定人类基因组的核苷酸序列，它也被称作人基因组读取计划（Human Genome Project - read，HGP - read）。

人类基因组编写计划最初被称为“HGP2：人类基因组合成计划”。首要目标是“用十年时间合成一个细胞系里的完整人类基因组”。但到了会议真正举行时，名称改为“HGP - 书写：测试细胞内大型合成基因组”。

虽然当今基因组测序技术仍在以极快速度发展，但构建基因的能力仍基本局限于少量短的片段，限制了对生命的了解。而人类基因组计划的重点是基因测序，让科学家能够“阅读”基因组；人类基因组编写计划的重点是构建基因，让科学家能够“编写”基因组，因此该计划也被认为是人类基因组计划的“非官方”延续。

二、该计划既有争议又令人期待

Boeke、Church、Hessel 等在《科学》杂志上表示，现在是时候构建“基因组规模的工程技术及其伦理框架”了。针对人类基因组编写计划可能带来的伦理、法律和社会影响，研究团队特别强调有必要让公众从一开始就参与其中。同时，所有与修改人类基因组相关的计划都需要与社会利益相关者进行开放、透明的对话，而相关监管框架要保证以安全、伦理上可接受的方式使用这种技术。

（一）支持者认为该计划意义重大

总体上，科学界对人类基因组编写计划持欢迎态度。大多数科学家认为，相比此前的人类基因组计划，人类基因组编写计划更注重于实际应用，在10年内合成一条完整的人类基因组是“一个宏伟目标”，完成这样一个里程碑式的工作需要DNA合成技术出现革命性进展。支持者指出，人类基因组计划起初也是个“有争议的项目”，但现在被视为是最伟大的探索壮举之一，让科学和医学发生了革命性变化；有人认为该计划的一系列潜在应用都旨在解决人类健康问题，如培育出可移植的人类器官、加速疫苗和药品研发进程等；还有人认为即便10年后没有合成完整的人类基因组，但利用较大DNA链来编辑、重构更大的基因组对人类健康和环境可持续性发展也有着重要影响。

（二）部分学者认为该计划应被放弃

反对的声音不绝于耳，一些科学家则认为，该计划没有必要或者应该被推迟。有些科学家认为当前许多公司已经开始降低人工合成DNA的价格，人类基因组编写计划似乎是一个不必要的“工作集成”；瑞士联邦理工学院合成生物学家Martin Fussenegger认为这一切只是一个价格问题，并且价格迟早会降低；受邀参会的斯坦福大学副教授Drew Endy和西北大学的Laurie Zoloth教授认为人类基因组编写计划的研究团队并没有正确判定项目的目标，并且这一计划应该被放弃；有人认为，这项计划应该被推迟，直至该想法能够赢得更加广泛的支持，或等待一个由广泛人士参与的严肃的公开讨论；有人认为没必要进行人工合成细胞，通过克隆人的方法就能实现细胞重建；还有人认为目前完全没有能力去实现人造细胞，还做不到从头构建细胞内的所有物质。

合成人类基因组还面临许多伦理问题，“比如，测序并合成爱因斯坦的基因组是否可行？如果可行，那么在细胞里制造、装配多少合适？又是谁来制造、控制这些细胞？”还有人担心，如果合成出人类基因组，那么通过克隆等方法就有可能用它们造出没有生物学意义上父母的人类，从而挑战“人类定义”这个最根本的哲学问题。

三、展望

随着基因组合成和编辑技术的飞速发展和成本的快速降低，基因组合成的尺度不断延伸，由病毒基因组、细菌基因组到酵母基因组再到人类基因组，人类基因组编写计划显得顺理成章。但是，更加廉价地合成 DNA 并不是阻挡编写人类基因组在细胞内发挥功能的唯一难题，其他需要克服的困难有：如何将非常大的 DNA 片段插入到哺乳动物细胞中并让它们正常地发挥功能，如何设计一种复杂的基因组而不只是对现存的基因组进行微小变化等。因此，真正地实现基因组的编写需要合成 DNA 等多项技术的共同发展，还尚需时日。

（军事医学科学院卫生勤务与医学情报研究所　陈婷）

FULU

附　录

2016年国防生物与医学领域科技发展大事记

寨卡病毒疫情快速扩散 2016年初，南美洲多国（主要是巴西）的寨卡病毒疫情迅速扩散，并传入西太平洋地区和东南亚地区，随后在该两地区发生本土感染病例，寨卡病毒疫情持续发展。根据世界卫生组织统计，截止2016年12月1日，此次寨卡病毒疫情已经波及67个国家和地区。2016年，WHO先后三次更新了“寨卡战略应对计划”，对疫情、应对目标、计划和资金都进行了计划和建议。2016年9月以来，东南亚多国出现本土感染病例。WHO认为东南亚本土感染疫情可能进一步扩大。

全球首个生物动力计算机芯片诞生 2016年1月，哥伦比亚大学成功利用生物产生化学能的过程开发出固态CMOS集成电路，这是世界上第一个通过生物隔离产生化学能，并以此为电源的集成线路。其原理是：通过生物细胞内化学能量的转移，创造一个类似于光合作用或细胞呼吸的过程。在这一过程当中，细胞会产生化学能量，此时就能够通过搜集这些能量并使其转化为电能。

美国将基因编辑技术列为大规模杀伤性武器威胁 2016年2月9日，美国国家情报总监詹姆斯·克拉珀（James R. Clapper）在向国会参议院武装部队委员会报告的年度《美国情报界全球威胁评估报告》（Worldwide Threat Assessment of the US Intelligence Community）中，将基因组编辑技术列为大规模杀伤性武器威胁，引发国际社会高度关注。报告特别强调，开展基因组编辑研究可能增加创造出潜在有害生物剂或产品的风险，其故意或意外的谬用可能引发重大的经济与国家安全影响。

新型超级生物计算机模型问世 2016 年 2 月，加拿大麦吉尔大学生物工程系国际研究团队利用人体细胞能量来源的三磷酸腺苷（ATP）驱动，研制出了一个超级生物计算机模型，能够利用与大型超级电子计算机同样的并行运算方式快速、准确地处理信息，但整体尺寸却小得多，能耗也更低。

美国研发出类似人脑的小型芯片 2016 年 2 月，美国麻省理工学院、DARPA 和显卡企业英伟达公司联合研发研发一种称为 Eyeriss 的小型芯片，该芯片有 168 个内核，效率是一个移动 GPU 效率的 10 倍，并基于“神经网络”来工作，不仅有着类似人类大脑的人工智能，而且很小，可以安装到大量移动设备上。

DARPA 开发大脑调制解调器 2016 年 2 月，DARPA 宣布已经将一种微型传感器通过血管植入大脑并记录下神经活动。该装置作为一种高带宽的神经接口，可让大脑与外部电子设备实现数据信息交互，目前只在动物体内开展相关实验，计划最早于 2017 年在病人身上做试验，随后将开展军方试验。

DNA 助力纳米材料与结构合成 2016 年 2 月，美国西北大学科学家用单链 DNA 片段对纳米金颗粒外表面进行修饰，然后用这些 DNA 片段的互补链像拉链一样链接附近的纳米金颗粒，当分离的纳米金颗粒靠近后，互补 DNA 片段形成双链结构，这种作用使两个纳米金颗粒结合在一起，成功建立了500多种不同的晶体类型。

DNA“折纸术”有助研发更快更廉芯片 2016年3月，美国杨百翰大学的研究团队报告称，DNA“折纸术”可能使计算机芯片速度更快、价格更便宜。团队使用DNA作为支架，然后将其他材料组装到DNA上，形成电子器件。具体是利用DNA“折纸术”组装一个三维管状结构，让其竖立在作为芯片底层的硅基底上，然后尝试用额外的短链DNA将金纳米粒子等其他材料“系”在管子内特定位点上。最终目标是将这种管子，或者其他通过DNA“折纸术”搭建的结构放到硅基底的特定位置，并打算将金纳米粒子与半导体纳米线连成一个电路。

仿生隐形眼镜有望提高人类夜视能力 2016年3月，美国威斯康辛州大学研究人员模仿象鼻鱼视网膜结构，开发出一种利用太阳能电池供电，自动调节焦距，而且能提高人们夜视能力的隐形眼镜。

美军研制3D打印蜂群微型无人机 2016年3月，美国国防部战略能力办公室领导实施开展“山鹑”微型无人机实验。这些微型飞行器拥有情境意识和能力，它们从发射箱中被释放出来后，能够自主寻找队友，集中到一起形成“蜂群”队形。如果这种微型无人机能够量产并实战升空，它们将像空中一群群飞行的机械蝗虫一样。

英美军队测试可动态伪装的仿生“隐身斗篷” 2016年3月，美国伊利诺伊大学和麻省理工学院联手开发的“隐身斗篷”已进入测试阶段，新型伪装技术与传统的静态伪装不一样，可以使士兵和战车迅速融入周围环境中，有望在五年内投入实战。

DARPA通过促进突触可塑性来加速学习 2016年4月，DARPA生物技术办公室（BTO）宣布正式启动“靶向神经可塑性训练”（TNT）项目，旨在探索神经可塑性在智能增强中的作用。该项目为期4年，研究目标包括：①阐明调节神经可塑性的外周神经系统的解剖学结构和功能学机制；②分析外周神经刺激对大脑支配学习能力、认知能力和识别能力等区域的影响；③优化非侵入性外周神经刺激方法以及靶向神经可塑性训练计划，消除潜在的副作用。

科学家用DNA分子造出全球最小二极管 2016年4月，美国佐治亚大学和以色列内盖夫本-古里安大学的研究人员利用DNA分子制造出了只有11个碱基对的新型二极管，被认为是全球尺寸最小的二极管。

美国国防高级研究计划局研发全新的预防性病毒疫苗 2016年4月，美国国防高级研究计划局生物技术办公室启动一项名为“干预并共同进化的预防和治疗”（INTERCEPT）的新项目，旨在开发全新的预防性病毒疫苗。INTERCEPT项目聚焦一种名为TIP的干扰颗粒，后者是基于缺陷型干扰颗粒（DIP）概念研发的，可以寄生、干扰靶标病毒并与病毒协同进化，从而成为一种自适应性预防、控制并消除急性或慢性感染的手段。

美国推出国家微生物组计划 美国白宫科技政策办公室于2016年5月13日宣布启动国家微生物组计划（National Microbiome Initiative，NMI）。该计划有三大目标：一是支持跨学科研究，解决不同生态系统微生物组的基本问题；二是开发检测、分析微生物组的工具；三是通过公众参与科学研究，扩大微生物组的影响力，培训更多的微生物组相关研究人员。该项目2016财年和2017财年的经费将达到1.21亿美元，参与机构包括能源部、宇航局、国立卫生研究院、美国国家科学基金会和美国农业部。

生物技术首次应用于量子点生产 2016年5月，美国利哈伊大学首次成功使用一种精确且可控的生物方法来生产量子点。它们的技术方法仅需要一个步骤，利用溶液环境下的细菌直接合成带有不同功能特性的半导体纳米颗粒，研究团队正在探索量子点的胞外生物合成方法，并有望将其实验室成功扩展为未来的量子点生产企业。

美国海军完成30架无人机发射及编组实验 2016年5月，美国海军研究办公室（ONR）和佐治亚理工大学联合发布一份视频显示，双方“低成本无人机蜂群技术”（LOCUST）项目已于2016年4月完成了30架无人机连续发射并编组飞行的试验。

美国国防部成立先进再生制造研究所 2016年6月，美国国防部牵头组建第7家制造创新机构——先进再生制造研究所，拟促成多机构、多学科合作，打破技术壁垒，联合产业、高校、研究机构、地方政府和公益机构，解决先进生物组织材料制造创新过程中的关键问题，实现生物组织材料制造的规模化发展，提升美国在该领域的国际竞争力。

美军进行基于脑机接口的飞行仿真控制试验研究 2016年6月，约翰·霍普金斯大学进行了基于脑机接口的飞行仿真控制试验研究，试验所用的脑机接口系统包含了可植入到目标运动皮层中的2组96个微电子阵列，该项研究的最终目的是确定研究人员开发的脑机接口系统在飞行模拟器环境中能否灵活的控制飞机。

微软DNA存储获重大进展 2016年7月，微软宣布利用DNA存储技术完成了约200兆数据的保存，其中包括《战争与和平》等99部经典文学作品，但并未披露此次DNA数据存储项目耗费的成本，这其中用到了约15亿个碱基，而商用合成技术的成本最低可以达到每碱基0.04美分。

美空军研发脑控蜂群无人机技术 2016年7月，美国亚利桑那州立大学“人本机器人与控制”（HORC）实验室正致力研究一种创新技术，让空军飞行员使用大脑控制多架蜂群无人机，目前，受试者已经能够在实验室内实现单人对4架无人机的控制，后续目标是研究相互协同的混合无人系统编队，包括地面移动机器人和四旋翼无人机。

DARPA 将启动人工智能项目 2016 年 8 月，DARPA 宣布启动可解释的人工智能”（XAI）项目，核心是机器学习与人机交互，寻求创建机器学习与人机交互工具，使依赖于人工智能系统的决策、建议或行动的终端用户，能理解这些系统做出相关决策的原因。XAI 项目涉及两个技术领域：一是研发一种可解释的（机器）学习系统，包含可解释模型和解释界面；二是纳入关于解释的心理学理论。

IBM 发明世界首个人造神经元 2016 年 8 月，IBM 发明首个人造神经元，制造了 10×10 的神经元阵列，将 5 个小阵列组合成一个 500 神经元的大阵列，该阵列可以用类似人类大脑的工作方式进行信号处理。可用于制造高密度、低功耗的认知学习芯片。

美研究机构绘制出高清数字版人脑微观结构图谱 2016 年 9 月，美艾伦脑科学研究所绘制出迄今为止最完整的数字版的人脑微观解剖学结构图谱，将成为研究人员进行人脑研究的最新指南和脑结构“导航图”，可为脑科学研究提供导航，从宏观层面进入细胞层面，更深刻地认识大脑。

美研究机构实现太赫兹波生成设备微型化 2016 年 9 月，美国普林斯度大学的研究宣布，实现了太赫兹波生成设备微型化，从而大幅减少了生产成本，使其能更加方便的应用于军事安全领域。

美军实现任意药物定制和极端环境药物存储 2016 年 11 月，DARPA 蛋白质折叠研究取得进展，已经建立了 10 亿数量级的人工蛋白质库，并识别出一些蛋白质能够应用于生物制药，甚至生物战剂检测。麻省理工学院项目组已经创造出极端环境下能够稳定识别著名生物战剂炭疽的人工蛋白质，并与美陆军传染病医学研究所合作筛选人工蛋白质库，针对埃博拉病毒的进行蛋白质折叠，希望研发一种全新而稳定的埃博拉治疗药物。斯坦福大学项目组正在研究识别针对灭活类鼻疽伯克氏菌和鼻疽伯克霍尔德氏菌的人工蛋白质，这两种细菌病原体都是美国国防部严重关注的病原体。

美研发快速定制、广谱应对的 RNA 疫苗 2016 年，美国怀特海德生物医学研究所、美国陆军传染病医学研究所等研究机构利用纳米封装技术联合研发出可编程定制的 RNA 疫苗，已实现对埃博拉病毒、甲型 H1N1 流感病毒和弓形虫致命感染的免疫保护。该疫苗合成技术全合成、单剂量、无佐剂、无污染，在确定靶标后能够现场快速地生产疫苗，生产时间线从最初获取相关 DNA 序列到毫克级、可注射 RNA 疫苗制备只需要 7 天，由于纳米封装与 RNA 序列无关，可以创建各种不同的复制子，能够携带较大载荷，每个均编码特有抗原，实现共同封装。只需一次免疫就可诱发细胞和抗体反应，能对广谱致命病原体产生免疫保护能力。

登革热疫情持续上升、新疫苗上市效果不明 2016 年东南亚和南美国家的登革热疫情持续，尤其是东南亚国家的疫情，2016 年整体均比 2015 年有所增加。在美洲，截至 9 月 27 日，已经报告 240 万可能病例，死亡 836 例，其中巴西 1698424 例、哥伦比亚 127164 例、阿根廷 117941 例。亚洲国家疫情则整体上升明显。另外，非洲安哥拉 9 月报告了 50 例疑似病例。巴斯德公司 Dengvaxia 疫苗从 2015 年 12 月上市以来，已经在巴西、菲律宾、墨西哥、萨尔瓦多、哥斯达黎加、巴拉圭、危地马拉、秘鲁、印尼、泰国和新加坡上市，但其防控效果还需一段时间进行评估。